持続可能性と環境・食・農

廣政幸生【編著】

日本経済評論社

はしがき

　本書は，農業経済学を学ぼうとする初学者を対象にしたテキストとして書かれている．農業経済学という学問分野名は馴染みにくくなっている．対象が時代と共に拡張し，守備範囲が広がってきたからである．むしろ，食料，農業，農村に関心を持ち，社会科学の視点から学びたいと考えている学生等を対象にしているといってもよい．

　20世紀から21世紀への移り変わりは時代の節目だったが，それから20年程過ぎた現在まで，BSE（牛海綿状脳症）発生から新型コロナウイルス感染症パンデミックに至る多くのエポック的な出来事が起こっている．「時代は変わる」である．本書が対象とする食料，農業，農村は時代の動きに鋭敏であるがゆえに，学びには，時宜に適ったテキストが必要になる．テキストは時代に対峙しながら解説しなければならないが，底流にある学問的な考え方も同時に伝えなければならない．

　21世紀は「環境の世紀」だと言われる．地球環境問題への関心が日々強くなっている．キーワードは，持続可能性（Sustainability）あるいは持続可能な発展（Sustainable Development）である．持続可能性という言葉が世に出たのは新しいことではない．既に，登場から35年が過ぎているが，「環境の世紀」にふさわしい言葉として，重要性が増している．本書は，持続可能性を軸として，食料，農業，農村の多面な様相について課題を説明し，そ

れを論じている．以下，課題を中心とした概観を示そう．

序章は，持続可能性の意味すること．農業，農村，食への適用について述べ，全体の俯瞰図を与える．第1章から第4章までは環境編である．農業と環境との関係を近代的農法から紐解き，農業が両面性を持つのは何故か．ビジネスと不可分な会計は持続可能な経営行動をどう評価するのか．環境としての農村が注目されるが，持続可能にするにはコモンズとしてどうするのか．持続可能性を目指すエシカル消費は新しい動きだが，どのように進めればよいのか．

第5章から第8章の食料編では，SDGsの目標2は「飢餓を終わらせる」であるが，世界の穀物生産量は足りているのに，何故，飢餓が生じるのか．生乳のフードシステムから見た有機牛乳と酪農の課題は何か．日本では輸入食料が欠かせない．貿易は経済原理で生じるが，持続可能性を考慮することはできるのか．持続可能性を考える賢い消費者に食ビジネスはどう対応すれば良いのか．

第9章から第13章は農業・農村編である．多様な世界農業は持続可能になるのかを近代農業の起源より考える．農業は農業政策に大きく左右されるが，日本農業を持続可能にさせる政策はあるのか．日本農業が持続可能ならば，担い手は誰なのか，家族経営の強みは何だろうか．企業参入の意味は何なのか．フィールドから何を得るのか．地方の持続可能性と放置資産の関係は．農村は持続可能な発展をするのだろうか，内発的発展論よりその論理と実践を考える．

以上は，明治大学食料環境政策学科の専任教員によって執筆されている．内容にバラエティがあるのは，それぞれの専門性を発揮しながら記述しているからである．演習や講義のみならず独習

でも，初学者が取り組みやすいよう内容に配慮した．我々の意図が活かされれば嬉しい．本書の構想段階から出版まで，日本経済評論社の清達二氏，中村裕太氏には大変お世話になった．記してお礼を申し上げたい．両氏のアドバイス，叱咤激励がなければ，到底，本書を出版することはできなかった．本書が時代の羅針盤の役割を果たせば幸甚である．

2022 年 9 月

編集委員会を代表して　　廣 政 幸 生

目次

第10章　農業政策の展開と日本農業の持続可能性

第11章　農業における家族経営の重要性… 竹 本 田 持　209

序章

持続可能性と農業，農村，食

廣 政 幸 生

本章の課題と概要

　21世紀も20年を過ぎようとしている．この章を読まれている多くの方は，21世紀生まれだと思われる．一方で，筆者は，当然ながら20世紀の生まれで，世代は昭和世代になる．世の中が20世紀から21世紀になるとき，20世紀はどのような時代であったのかが回顧され，「科学技術の世紀」だといわれたことがあった．今から50～60年ほど前，描かれた21世紀はバラ色であった．科学技術の進歩に希望が持てた時代であり，発展が何もかも良い方向に変えてくれるものと信じられた時代であった．しかしながら，20世紀も残り30年ほどになる頃から，次第に，未来に暗雲が立ちこめるようになった．それには様々な要因があったが，核の脅威を除けば，大きくは2つだった．1つは，繁栄の源であった鉱物資源，特に石油が将来なくなるのではないかという資源の枯渇問題であり，枯渇すると繁栄がなくなってしまう危機感から．もう1つは，科学技術の粋である工業化の進展は様々な化学物質を大量に撒き散らし，それによって自然生態系が損なわれ，人の健康も損なわれるという経済発展の負の影響，環境問題（当時は公害問題）が深刻になってきた危機感からだった．

20 世紀が終わり 21 世紀の幕開けにおいて，新しい世紀はどのような時代となるかが話題となり，「環境の世紀」と言われた．環境問題，とりわけ地球環境問題が背景にあるのは言うまでもない．その後，20 年を経た今日，深刻さは一層増し，より危機感を強くしているのではないだろうか．私たちは，「環境の世紀」に生きて，何を考え，どう行動すべきかが問われている．現在，SDGs という文字がちまたに多く見られるのもこのような状況の現れである．

　さて，前置きが長くなったが，本書の導入部にあたる本章では，持続可能性（Sustainability）あるいは持続可能な発展（Sustainable Development）と農業，農村，食の関係について考察する．農業の営みは，自然と密接に関係していることはいうまでもなく，地球温暖化や自然生態系（いわゆる環境）の変化を最も影響を受けやすい生業でもある．有史以来，人は自然を改変し，農地にすることで，農畜産物を生産し，食のみにならず，衣，住にも多大な貢献をしてきた．化学肥料，化学農薬が登場するまで，input は有機物であって，生産物は全て有機農産物だったが，日本では，高度経済成長期が転機となり，化学物質を多投する農業に変化した．それによって，自然生態系や人に悪影響が生じたのは，公害問題が顕在化した時期とほぼ同じであった．それから半世紀以上が経過したが，農業・農村を巡る状況は激変している．今日，農業は環境と親和性を持っているのか，農業が主産業である農村はどう持続していくのか，食はこのままでよいのだろうか，これらは私たちの生き方とどうかかわるのか，身近な故に，疑問は尽きない．以下，SDGs を手がかりに，持続可能な発展の意味を再確認し，持続可能性の捉え方，そして，農業，農村，食との関連性

について考察してみたい.

1. SDGs を考える

SDGs という言葉が流行である．Sustainable Development Goals の略であって，日本語では，「持続可能な開発目標」となっていることが多い（この訳が妥当かどうかは次節で検討をする）．エスディジーズ，エスディジーズと唱えるだけではなく，Sustainable Development の意味することを知り，何をすべきかを考えることが大事である．

SDGs は，2030 年に持続可能な社会になるための「持続可能な開発のための 2030 アジェンダ」（アジェンダ（Agenda）は達成への行動計画を意味する）において，17 の目標と 169 のターゲットを示して実行しようと，2015 年 9 月の「国連持続可能な開発サミット」で採択されたものである．よく目にする 17 の目標はアイコンと分かりやすいキャッチコピーで示され，私たちに訴えかけている．さて，キャッチコピーではなく，目標の日本語訳(蟹江憲史（2020）『SDGs（持続可能な開発目標）』中央公論新社）では，目標 1 は「あらゆる場所で，あらゆる形態の貧困を終わらせる」，目標 2 は「飢餓を終わらせ，食料の安定確保と栄養状態を実現し，持続可能な農業を促進する」であるが，環境に関することは，目標 13「気候変動とその影響に立ち向かうため，緊急対策を実施する」，目標 14「持続可能な開発のために，海洋や海洋資源を保全し持続可能な形で利用する」，目標 15「陸の生態系を保護するとともに持続可能な利用を促進し，持続可能な森林管理を行い，砂漠化を食い止め，土地劣化を阻止・回復し，生物多様

性の損失を止める」の3つである．農業，食料関係では上記目標2，目標13，目標14，目標15に加え，目標12「持続可能な消費・生産形態を確実にする」が関係する．

17の目標ははなはだ包括的である．日本のような先進国に当てはまるもの，そうでないもの，個人にできるもの，できないもの，国レベルのものなど様々であるといえよう．しかしながら，17の目標の意義は分かるが，その下位にあるより具体的な169のターゲットが何なのかを知るには若干の努力を要するし，目標間，ターゲット間のトレードオフも見受けられる．

何故，SDGsは包括的なのか，SDGsの形成過程に2つの流れがあるからである．2015年から遡ると，SDGs以前に，MDGs（Millennium Development Goals）がある．2000年の国連ミレニアムサミットで採択されたミレニアム宣言の開発目標である．2015年を期限として8つの目標「極度の貧困と飢餓の解消」，「初等教育の完全普及の達成」，「ジェンダー平等の推進と女性の地位向上」，「妊産婦の健康の改善」，「HIVエイズ，マラリア，その他の疾病の蔓延防止」，「環境の持続可能性確保」，「グローバルパートナーシップの推進」を掲げ（竹本和彦編（2020）『環境政策論講義』東京大学出版会：p.184），開発途上国に対して各国が取り組むことを提示した．MDGsとSDGsを比較すると，8から17に拡大した目標は，引き継がれたもの，まとめられたもの，分化したもの，新たに追加されたものがあり，追加された目標に，環境に関するものが入っている．環境目標が入ったことで，MDGsはSDGsとなり，より世界的な問題解決の具体性が増したといえる．

前節で，50〜60年前は，バラ色の未来が喧伝されていたと述

べたが，その後，先進国では，経済発展に伴う様々な弊害，公害問題，環境破壊が深刻化し，経済開発・発展のあり方が問われるようになった．1983 年，「環境と開発に関する世界委員会」が「国連人間環境会議」10 周年を記念して設けられた．この委員会は通称「ブルントラント委員会」といわれ，委員長のノルウェーの女性首相ブルントラント（Buruntland）の名前を付けたものである．1987 年に，報告書 Our Common Future が公表された（環境と開発に関する世界委員会（1987）『地球の未来を守るために』（大来佐武郎監修）福武書店）．この報告書に初めて，Sustainable Development の概念が示された．SDGs の目標は「飢餓と貧困」の解消，「資源・環境問題」の解消の 2 つの流れが組み合わさり包括的になっていて，分かりにくいが，Sustainable Development という言葉の響きはそれを包み込む雰囲気がある．しかしながら，反面，何を目指しているのか，分かり難くなっているという評価もされている．

2. 持続可能な発展を考える

報告書 Our Common Future を基にして，Sustainable Development（持続可能な発展）の意味することを考えよう．なお，Our Common Future の当初の日本語訳は「地球の未来をまもるために」だったが，その後，「我ら共有の未来」となった．

背景を再確認すれば，「環境と開発に関する世界委員会」となっているように，経済成長に伴って環境問題が深刻となってきたことがある．他方で，1973 年，先進国が経済成長を謳歌していたとき，ローマクラブによる報告書「成長の限界」が公表された．

成長の源である資源（主として石油）は有限であるため，いずれ枯渇することが警告された．経済成長をすれば，環境は悪化（自然が損壊する）し，資源は枯渇する．開発途上国が貧困や飢餓から抜け出すために，また先進国がより豊かになるには経済成長（発展）が欠かせないが，どのような経済発展（開発）をすればよいのか，それを世界に示したのが，報告書である．

Our Common Future にある Sustainable Development の概念について示そう．日本語訳はニュアンスの違いがあるので，敢えて原文で示すならば報告書 Part I: COMMON CONCERNS 2 Towards Sustainable Development に，

<u>Sustainable development is development that meets the needs of the present without compromising the ability of future generations to meet their own needs.</u> It contains within it two key concepts:

・the concept of 'needs', in particular the essential needs of the world's poor, to which overriding priority should be given; and

・the idea of limitations imposed by the state of technology and social organization on the environment's ability to meet present and future needs. （WCRD （1987）OUR COMMON FUTURE, OXFORD UNIVERSITY PRESS：p. 43，アンダーラインは筆者）

アンダーライン部分が必ず取り上げられる最も有名な箇所である．不思議にも，この報告書は 300 ページを超える分量があるが，極僅かなこの部分のみが繰り返し引用され，他は無視されている．ここでは，ほんの少し長めに引用をした．日本語訳も訳者や引用

者によって微妙に異なっている．ここでは，農業経済学者の生源寺眞一の訳を示しておこう．「将来の世代がそのニーズを満たす可能性を損なうことなく，現在のニーズを満たすような開発」としている（生源寺眞一編著（2021）『21世紀の農学－持続可能性への挑戦－』培風館：p.3）．

Sustainable Development の日本語訳についても触れておこう．既に述べたように，SDGs のロゴの下には「持続可能な開発目標」と記されていることがある．Development を開発ではなく発展と訳している記述も多く見られる．同じく，生源寺は「develop には自動詞の「発展する」と他動詞の「開発する」の意味があるから，……むしろ，発展と開発の双方を含むと理解すべきであろう．」としている．開発という言葉には環境を損なうというニュアンスがあるために，発展の方を使うケースも多い．

さらに，Sustainable（Sustainability）の日本語訳は持続可能性が使われ定着しているが，持続可能性ではなく，維持可能性が適切であるという見解がある．日本において，公害・環境問題を経済学の視点より解明し，研究を進めた先駆者であって，経済学者の泰斗，都留重人は「この発想は，客体である環境条件の維持可能性を条件としていて，主体である人間社会の成長持続性条件を含意するものではないから，日本語でこれを「持続可能な発展」と邦訳したのでは正確を期することができない．」（都留重人（2006）『市場には心がない』岩波書店：p.74）とし，「維持可能性」を訳語として使っている．また，都留重人と並び，日本の公害・環境問題の研究者として欠かせない経済学者，宮本憲一も賛同し，「わたしもそうである思って「維持可能」と訳している」（宮本憲一（2006）『維持可能な社会に向かって』岩波書店：p.86）としてい

る．全く日本語のニュアンスは難しいと実感するところである．

　以上を考慮しながら，本章では，日本語訳として Sustainability を持続可能性，Sustainable Development を持続可能な発展とする．

　ブルントラント委員会の報告書が公刊された後，持続可能な発展について，様々な分野で，数多くの議論がなされた．では，持続可能性の本質とは何だろうか，持続可能な発展は経済発展（開発）に関して，input としての資源，output としての環境を考慮するよう行動変容を促している．さて，概念の将来世代のニーズを尊重するためには何をすればよいのだろうか（何をすべきか）．例えば，何故，CO_2 を削減しようと，敢えて不便なことをするのだろうか，農業遺産（武蔵野落ち葉堆肥法など）の例のように次世代に何かを残そうと何故，努力をするのだろうか，子供の未来のために何かをすることの理由は何だろうか．将来ではなく，現時点でも，飢餓に陥っている途上国の人たちに何か手を差しのべたいとか，紛争を逃れた難民に何かをしたい．もっと身近では，困った人を助けたい．そのように思うのは人として，当然のことだろうし，私たちは自分の損得のみを考え，行動するのではなく，他人を思いやったり，他人のために何かをしようとすることがある．しかも，見返りなしに行動しようとすることも多い．

　それは，何らかの公正（fairness）や正義（justice）の考えに基づくのであって，何らかの不衡平さを認識し，何かをしようとするからであろう．現時点のこのような思いを世代内衡平という．それに対して，将来世代に対して不衡平さを感じ何かをしようとすることを世代間衡平という．持続可能性とは，将来世代（将来世代のニーズ）を思いやり，将来世代と現在世代（私たち）の衡

平性を実現しようとすることである．つまり，世代間衡平がキーワードなのである．まさに，中国の格言，「先人木を植えて，後人その下に憩う」が当てはまる．

　1960 年代の後半から世界中で経済発展による環境問題が深刻化してくると，問題の捉え方と対処に関して新しい学問が求められるようになった．経済学では環境経済学，倫理学では環境倫理学が登場してきた．加藤尚武（同（2020）『環境倫理学のすすめ【増補新版】』，同（2020）『続環境倫理学のすすめ【増補新版】』丸善出版）によれば，環境倫理学で強調されるのは，世代間倫理の問題である（他は，自然生存権の問題及び地球全体主義）．世代間倫理の問題とは，「現在世代は未来世代の生存可能性に対して責任がある．」というものである．地球環境問題のように，現在世代が加害者で将来世代が被害者である場合，将来世代は現在世代に責任追及ができないし，民主主義は共時的な決定システムであるために，機能していても将来世代は参加をすることができない．世代間倫理の問題への対処策はまさしく将来世代を思いやり，行動することなのである．持続可能性は，単に，会社が続けばよい，経済が続けばよいというものではない．

　1992 年に国連環境開発会議（地球サミット）が開催され，「環境と開発に関するリオ宣言」及びアジェンダ 21 を示した．その中でローカルアジェンダに触れている．持続可能な発展は主として国レベルのマクロ的対応を想定しているが，経済開発で環境破壊が生じた場合，それは局所的に現れ，地域の問題となる（日本の 4 大公害は地域名がついている）．マクロである国は地域で構成されるため，主体となる地域の持続可能な発展を考える必要が生じた．特に，EU（欧州連合）で議論が進み，ローカルアジェ

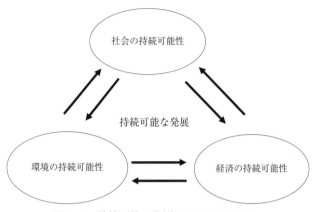

図 0-1 持続可能な発展のトライアングル

ンダ 21 の具体的指針として 1994 年にオールボー憲章が発出され，地域の持続可能な発展について，経済，環境，社会の側面に注目する必要性を強調した．諸富徹は（同（2003）『環境』岩波書店：p.32），持続可能な発展の中身には，経済の持続可能性，社会の持続可能性，環境の持続可能性があるとし，図 0-1 に示すような，トライアングルで統合されるとした．つまり，持続可能な発展（持続可能な社会，持続可能な都市，持続可能な地域とも称される）は，経済，社会，環境の 3 面およびそれら相互間の関係から捉えるべきであって，それぞれが持続可能となることによって，持続可能な発展がなされるとした．また，蟹江憲史（同前掲書）は，持続可能な開発に関する世界首脳会議（ヨハネスブルグ・サミット）から，持続可能な発展を，経済，社会，環境の 3 側面で捉えるようになり，SDGs で統合されるとしている．

3．持続可能な農業はどのような農業か

　これまでの持続可能な発展に関する議論を踏まえて，持続可能な農業について考えてみよう．日本農業の特徴は稲作にあるが，世界では多種多様な農業が行われている．気候，地形，土壌，水資源，文化，歴史，経済条件などが影響するからである．当然，国，地域，時代により，それぞれに持続可能な農業がある．ここでは，先進国である日本の農業について考えよう．逆説的だが，環境保全型農業の英訳は Sustainable Agriculture であった．農林水産省の環境保全型農業の定義は「農業の持つ物質循環機能を生かし，生産性との調和などに留意しつつ，土づくり等を通じて化学肥料，農薬の使用等による環境負荷の軽減に配慮した持続的な農業」となっている．生産性は経済面だが，どのような環境に資することが出来るか甚だ曖昧である．環境保全型農業の典型としての有機農業は有機農産物を生産する農業であるが，その条件も農法に関することであって，環境保全という広い範囲の一部しか対応しておらず，持続可能な農業としては限定的である．

　前節で検討した持続可能な発展の考え方を農業に適用してみよう．農業に対する将来世代のニーズとは何であろうか，将来は現在の延長にあるので，少なくとも飢餓への対処ではない，飽食を謳歌している国，時代では，量やカロリーに重きは置かれない．日本を含め先進国の農業に求められるのは，生きるための食料確保以外の機能であろう．それを農業に食料生産以外の機能があるという意味で多面的機能（multifunctionality）という．代表的な農業，農村の多面的機能の構成を図0-2に示した．図0-1のトラ

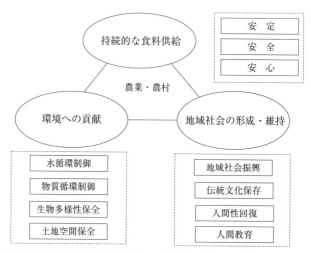

出所：日本学術会議（2001）「地球環境・人間生活にかかわる農業及び森林の多面的な機能の評価について」p. 37.

図 0-2 農業・農村の多面的機能

イアングルに似ていることが分かる.

　前節で，持続可能な発展の3側面として，経済，環境，社会を取り上げ，それぞれが持続可能になることによって総体として持続可能な発展となるとしている．持続可能な農業では，図0-1のトライアングルの真ん中にある持続可能な発展を持続可能な農業に置き換えて，対象とする農業について，経済面，環境面，社会面それぞれの持続可能性を検討することで，持続可能な農業が成立しているか分かるし，何が，欠けているかを見つけることも可能となる.

　農業の多面的機能について考察してみよう．例として，日本人の主食であるコメの生産（稲作）を挙げるが，田んぼに稲が植え

てあるか実っている情景を思い浮かべるとよい。田んぼ（圃場）は長方形か不定形な形をしており，その連なりは農村景観を構成し，場所によっては日本の原風景とされる里山を形作る。田んぼは畦（畦畔）で囲まれている。水を貯めるためである。降雨時には畦の高さ（30cm ぐらい）まで湛水でき，ダム機能によって洪水を防止する。また，水は貯まることで，地下に浸透し地下水が涵養される。田んぼには年間を通じ，様々な生物が棲みつくことで，生物資源，生物多様性が維持できる。これらの機能は，環境を良好に保ち，環境の持続可能性を高めている。田んぼは先人の稲作生産を引き継ぐと共に文化遺産の価値を持ち，地域社会のシンボルにもなり得る。農作業や伝統行事は地域社会のコミュニティを維持し，それは，地域社会の持続可能性に寄与している。農村の美観，文化的価値を都市住民が評価し，訪れるならば，レクリエーション・保養機能も持ち合わせることになる。経済面では，残念ながら稲作部門は効率化が遅れている部門であり，経済的に持続可能な農家が過半を占めるとは言いがたい。しかしながら，

環境保全型稲作（棚田保全米，生き物保全米，有機米など）が持つ環境持続可能性と社会持続可能性を消費者が評価をすることで，単位生産費用に見合うような価格を受け入れることができれば，経済も持続可能となり，当該稲作は持続可能な農業となり環境も地域社会も持続するのである．このように，持続可能な農業は，環境，社会，経済が相互に影響し合い，統合されることで成り立つことが確認できる．

4. 農村における持続可能な社会とは

EU では，ローカルアジェンダ 21 を発展させ，地域の持続可能性を持続可能な社会，持続可能な都市として，経済，環境，社会の3つの側面で捉え，構築しようとするものであった．持続可能な都市の考え方は日本にも導入され，宮本憲一は，「都市政策の究極の目標は維持可能な都市をつくることだが，それには農村が維持可能でなければならない．」（宮本憲一（2006）前掲書 p.184）とし，都市と農村の持続可能性に言及している．持続可能な社会は農村でも同様である．農村における持続可能な社会構築の例を挙げよう，山形県長井市のレインボープラン（台所と農業をつなぐながい計画）である．

レインボープランは主に市民参加型で作り上げられた循環型社会システムである（菅野芳秀（2002）『生ゴミはよみがえる』講談社）．図 0-3 に概要を示した．順に説明すると，市民の台所から出る生ごみを市民の協力を得て収集（分別，水切りが重要）．それをコンポストセンターに搬入．地域の稲作農家のもみ殻と畜産農家の畜糞を混ぜて，発酵，攪拌，切り返しによって堆肥を生産.

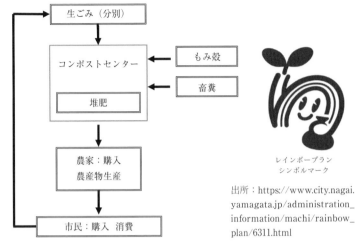

図 0-3　レインボープランの循環図

出所：https://www.city.nagai.yamagata.jp/administration_information/machi/rainbow_plan/6311.html

その堆肥を地域の農家，市民が購入．堆肥を活用して農産物（主に野菜）を生産．その農産物を地域の農産物直売所等で販売．市民が購入して，食する．そして，また，生ごみが出るという循環システムである．構想，計画から農家を含む市民参加で練り上げられ，一般市民の協力も得て，1997年から稼働している．地域コミュニティの活用という社会の持続可能性，化学肥料の代わりに堆肥を使うという環境の持続可能性，経済面では，自治体が施設を設置し，堆肥，農産物は販売していることで持続可能性があり，地域の将来を考えた取り組みであって，図0-1のトライアングルが上手く関連し合い，持続可能な社会を形成している．

　レインボープラン推進協議会会長だった菅野芳秀はレインボープランを評し，「次世代のことを思いながら，食と農の地域づくりのために女性団体を中心とする多くの長井市民が無償の汗を流

し続けたという事実だろう」（菅野芳秀（2021）『七転八倒百姓記−地域を創るタスキ渡し−』現代書館：p. 22）と述べている．現在，コンポストセンターの老朽化や少子高齢化の影響により循環システムが次世代に繋げるか危ぶまれているが，循環システム形成の経験や地域の将来を思いやるという意識は引き継がれている．菅野はそのようなことを「地域のタスキ渡し」と言っている．まさに，ローカルな持続可能な発展そのものであるといえよう．

5. 持続可能性と食の選択

　私たちが，毎日，欠かさず行い，かつて（50〜60年前）よりも気に掛けなくなった行為がある．食べるという行為である．それは生存に不可欠であるが，享楽や話題のネタともなる．前者は生きるための食であり，後者は楽しむための食である．経済学的には必需品と嗜好品の区別である．言うまでもなく，飢餓は前者に関連することであって，私たちは，そのようなことをほとんど憂慮することなしに，飽食の下で後者を行っている．しかし，食べることは私たちの未来に繋がっていることを認識することは重要である．持続可能な農業のような農業生産活動の終着点が食べることだからだ．農畜産物の生産から流通，消費までを川上から川中，川下への流れにたとえ，流れにあるそれぞれの関係を捉えることをフードシステムという．フードシステムには様々な形態があるが，世の中が飢餓から飽食に移るにつれて，主導権は川上から川下に移っていくのが常である．つまり，川下での食の選択が川上に影響するのである．

　最近，注目されているのは，「食で支える」とか「かしこい食

の選択」と言われるように，倫理面を強調して食を選ぶことであり，「食の価値」に倫理面を含めることである．食べることに，哲学や倫理はあるのだろうか．哲学者鷲田清一は，哲学には食の話は余り出てこないといい（鷲田清一（2006）「現代人にとっての食」伏木亨・山極寿一編著『いま「食べること」を問う』農文協），トンプソンも食の選択の倫理は比較的新しいといっている（ポール・トンプソン（2021）『食農倫理学の長い旅 〈食べる〉のどこに倫理はあるのか』（太田和彦訳）勁草書房）．

　しばらく前より，MOTTAINAI もよく聞く言葉だが，分かる通り，日本語である．2004 年，ノーベル平和賞を受賞したケニアの国会議員，環境保護活動家ワンガリー・マータイ女史（受賞理由は持続可能な開発，民主主義と平和への貢献．グリーンベルトムーブメントの設立者であり，アフリカで植林を広めたことでも著名）が，来日時，日本語の「もったいない」の意味に感銘を受け，MOTTAINAI を世界中に広めたと言われる．「もったいない」は資源の浪費を指摘し，無駄にしない様々な行為を促すことを意味している．「もったいない」の考えから，食材の有効利用や食べ残さない食べ方の工夫は，食品廃棄物を減少させるという食の倫理の１つであるといえる．持続可能な発展の立場から言えば，資源の浪費を防ぐこと，廃棄物で環境を汚染しないことや循環型社会を形成しようとする行動など，経済，環境，社会それぞれの持続可能性につながるという意味を含んでいる．

　善い食の選択をすることが食の倫理である．善いというのは，自分によいことだけでなく，他者や環境によいことも含み，そこには何らかの公平や正義の考えがある．例えば，化学農薬，化学肥料を使用しない有機農産物の購入は自分の健康のためだけでな

く，農家の生産環境を良好にし，農民の健康を損なわず，生物多様性に貢献し，子供（将来世代）に好影響を与える．また，特定の地域の特定の種（トキ，コウノトリ，タゲリ，めだかなど）を対象にした環境保全米の購入は生育環境を良くし，その生物種を将来世代も観察することができる．平飼い飼育の鶏卵の購入は，採卵鶏に良い環境を与えることになり，いわゆるアニマルウェルフェアを向上させることにもなる．つまり，食の選択が他者や人以外にも影響が及ぶことを示している．

図0-4に食の選択，食の価値の概要を示した，左側が自己のため，右側が他者のためである．左側にある顕示とは自分の食を自慢するような見せびらかしを意味する．右側の選択が，将来世代を考えてのことであれば，持続可能性を考慮した選択となり，加藤尚武のいう環境倫理学の3基本主張のうちの自然生存権，世代間衡平に合致することになる．食べることは，私たちにとって最も身近なことである．そこに気を遣うことによって，延いては持続可能な農業や持続可能な社会を成り立たせて行くことになる．何事も小さなことの積み重ねが大きなうねりとなるのである．

6. 持続可能性の評価を考える

一国の経済発展のあり方を示したのが持続可能な発展であったが，それをどのように測定，評価すればよいのかは，持続可能な発展が提起されて以来，課題となっている．経済指標としてのGDP（国内総生産：ある期間の一国の付加価値の総額）（用語解説を参照）は経済・社会発展の指標としては限界があることが指摘されてきた．では，どのような指標が適切かは，評価の考え方

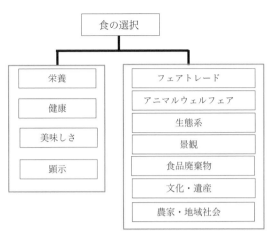

図 0-4 食の選択，食の価値

による．私たちは，経済（金銭）のみに満足しているわけでなく，その獲得を目指して生きているわけでもないからである．2000年代後半から，社会的進歩の指標として幸福度指標（用語解説を参照）が注目されるようになった（ジョセフ・スティグリッツ，アマルティア・セン，ジャンポール・フィトシ（2012）『暮らしの質を測る：経済成長率を超える幸福度指標の提案』（福島清彦訳）金融財政事情研究会）．また，世界の国ごとに人生満足度，平均余命と所得の関係をみると正の関係があることが分かっている．開発途上国では，貧困を脱出することが国民の幸福度を高めるが，先進国ではそうでもない（アンガス・ディートン（2014）『大脱出　健康，お金，格差の起原』（松本裕訳）みすず書房）．

　持続可能性のキーワードは，将来世代を思いやり行動すること，そこには世代間衡平という倫理的要素があることは既に述べた．諸富徹は，持続可能な発展の究極の目的は福祉（well-being）だ

といい，持続可能な発展を再定義するとして，「世代内衡平性に配慮しながら，福祉水準（well-being）を世代間で少なくとも一定に保つ」としている（諸富徹（2003）前掲書 p. 35）．

well-being は辞書で引くと，善き生，健康な状態，幸福な状態とあるが，日本語に訳し難い．かつては諸富のように，福祉と訳されていたが，現在は，幸福と訳されることが多い．改めて，日本語は難しいと思う．ここでは，幸福な状態，健康な状態，よき生き方を含め，ニュアンスを損なわないために，単に，well-being としておこう．気づかれたと思うが，最近，ウェルビーイングという言葉もマスコミ等で多用されているカタカナ文字である．幾分，雰囲気に惑わされないようにしなければならない．

ところで，私たちの行動を突き詰めて考えれば，自分の well-being を高めるためであろう．家族の well-being，他人の well-being，地域の well-being を高めることによって，自らの well-being を高めることにもなるし，当然，将来世代の well-being を損ねることのない行動は，自らの well-being も向上させると捉えることができる．先に述べた，持続可能な農業である農業・農村の多面的機能は外部性であって，そのサービスは市場において金銭的なやり取りはされない．農村景観が良いことによる安寧感，洪水が防止されることや水資源が涵養されることの安心感は私たちの well-being を高めるし，それが，次世代に引き継がれることも well-being を高めることになる．長井市のレインボープランが次世代に引き継がれることも同様に考えることができる．

近年，人の利己的な行動では無く，互恵性や利他的な行動の研究が注目されている．持続可能性を目指す行動は，利他的な行動であるともいえる．私たちは，何らかの well-being を高めるこ

とを目指して行動をしている．国の方向性においてもそうあるべきであろう，幸福追求権は憲法で保障されているからである．「環境の世紀」の下で，身近な食，農から well-being を考えることは，持続可能性へと繋がり，私たちの生き方も豊かにしてくれる．

用語解説

GDP（国内総生産）：ある国で一定期間（年間，四半期）に生み出された財・サービスの付加価値の総額と定義される．付加価値額は生産額から中間投入額を控除したものである．国民経済計算といい，国連の定める国際基準（SNA）に準拠し作成される．数少ない，国際比較ができる統計である．基本的に市場価格があるものだけが算定される．

幸福度：Happiness あるいは well-being の日本語訳であり，幸福度は客観的には測れないので，主観的幸福（subjective well-being）ともいう．2000 年代後半にブータンの GNH（国民総幸福量）が注目され，経済と社会の状況を測る上で，重要な指標として認識が広まり，国家統計として作成している国もある．個人評価として，キャントリルの階梯法が使われる．最低を 0，最大を 10 とする表明である．集計データが状況を表すものとして分析される．

演習問題

問 1（個別学習用）

SDGs の 17 目標と 169 ターゲットは何だろうか．日本を対象にして，目標間あるいはターゲット間で補完し合うもの，競合するものがあるか調べてみよう．

問 2（個別学習用）

有機 JAS マークはどのようなものだろうか．スーパーなどで有機 JAS マークの付いた有機農産物はどのように（場所，価格，表示

など）売られているか調べてみよう.

問 3（グループ学習用）

現在世代のあなたたちが，世代間衡平として抱くことは何だろうか，また，それを生じさせている正義感とはどのようなものだろうか，具体例を挙げながら考えてみよう.

問 4（グループ学習用）

各自の主観的幸福度（subjective well-being）をキャントリル階梯法（用語解説を参照）で測ってみよう. そして，何故，そのように評価するのかについて話し合ってみよう.

文献案内

ポール・トンプソン（2021）『食農倫理学の長い旅 〈食べる〉のどこに倫理はあるのか』（太田和彦訳）勁草書房

食に関する倫理を論じた数少ない書物といってもよい. 私たちの食べる意味を改めて考えさせてくれる. 倫理学の基本から始まって，肥満，飢餓，アニマルウェルフェア，持続可能性，緑の革命，バイオテクノロジーが食選択とどう関連しているかを論じている.

アンガス・ディートン（2014）『大脱出　健康，お金，格差の起原』（松本裕訳）みすず書房

2015 年にノーベル経済学賞を受賞した経済学者の書物である. 経済発展をしてもしなくても格差（貧困）が生じる. 所得だけでなく健康もである. 何故かを，広い視野を持って検証している. 所得以外の指標，幸福度，健康も対象としているところにも特徴がある.

第 1 部　環境編

第1章

農業は環境にやさしいか

藤 栄　　剛

本章の課題と概要

　持続可能な社会の実現に向けて，農業や環境の持続性の確保は人類の重要な課題として認識されている．2015年の国連サミットで採択されたSDGs（持続可能な開発目標）においても，持続可能性の概念が鍵となっている．そして，農業や環境の持続性を考える際に，農業と環境の関係を学ぶことは，持続可能な社会のあり方を考える上で有益なヒントとなろう．

　SDGs以前においても，農業と環境の関係は国際的に重要な話題であった．たとえば，1970年代以降，ヨーロッパでは，地下水汚染の深刻化を背景に，農業と環境との関係が強く認識されている．アメリカでも，農地の土壌汚染・流出は深刻な環境問題として捉えられてきた．むろん，途上国でも，農業活動の活発化に伴う環境破壊は現在まで，大きな社会的課題であり続けている．農業における持続可能性の確保が強く求められている．

　そこで本章では，「農業は環境にやさしいか」という問いについて考えたい．まず，社会調査の結果から，人々の農業観について概観した後，農業形態の変遷をとおして，私たちが目にしている近代農業の特徴を把握する．そして，農業と環境との関係を概

念的に整理し，環境問題を考える上で重要な概念となる外部性（用語解説を参照）などを学ぶ．その上で，「農業は環境にやさしいか」という問いをあらためて考えたい．

1. 農業は環境保全的か破壊的か：社会調査の結果から

まず，農業が環境に及ぼす影響について，人々はどのように考えているのだろうか．意識の面からみてみたい．やや古い数値になるが，農林水産省『農産物の生産における環境保全に関する意識・意向調査結果』（2006年2月）は，人々が農業を環境保全的と捉えているか，それとも農業を環境破壊的と捉えているのかを尋ねている（なお，調査対象は，農業者・流通業者・消費者からなり，農業者の割合が高い点に留意を要する）．

この調査において，農業は「水資源の涵養や大気浄化等の環境保全に貢献している」と回答した者の割合は65.8％で，「農業は多様な生物の生息域になるなど自然保全に貢献している」と回答した者の割合は55.3％であった．このように，過半数の人々は，農業がもつ環境保全的な機能を評価している．一方で，農業は「化学肥料や農薬の散布等により，環境に負荷を与えている」と回答した者の割合は29.6％であった．わが国では，農業を環境に負荷を及ぼすものとして捉えている人々が，ある程度存在する．

さらに，農業由来の地下水汚染が深刻であるヨーロッパでは，農業を環境に負荷を及ぼすものと考える人の割合が高いといわれる．日本では，農業を環境保全的な産業・生業とみなす傾向にあるが，世界全体を見渡すと，農業を必ずしも環境保全的な産業・生業とはみなさない地域もある．「農業は環境に良いもの」と感

じている人も多くいるだろう．しかし，全ての人々が「農業は環境に良いもの」とみなしているわけではない．

2. 近代農業の特徴と展開

　現在，私たちが目にする農業は，近代農業（modern agriculture）と呼ばれる農業形態である（なお，ここでの「近代」とは主に20世紀以降をさす）．そこで次に，農業が環境にもたらす影響を考える上で，最近100年から150年間程度の農業の変化を把握し，近代農業が変遷する過程で，農業と環境との関係がいかに変化してきたのかを考えたい．

（1）日本農業はいかに変化してきたか

　図1-1は，1880年から2000年までの120年間の日本農業における肥料・農機具などの投入量の推移を示したものである（ただし，肥料，経常財や農機具は，価格をベースにした推計値であるため，重量を直接表していない点に注意が必要である．推計方法については，速水佑次郎・神門善久（2002）『農業経済論 新版』岩波書店，を参照のこと）．なお，図中の経常財は農薬などをさす．また，縦軸（対数目盛）は1878年から1882年の投入量を100としたときの値を示し，たとえば200であれば，1878年から1882年の投入量の2倍であることを表す．

　1880年といえば，明治13年である．この頃の農業は，牛や馬を使った牛耕や馬耕が中心で，農業機械はほとんど使われていなかった．肥料には糞尿をはじめとする堆肥が利用され，化学肥料はあまり使われていなかった．また，農繁期には家族総出で農作

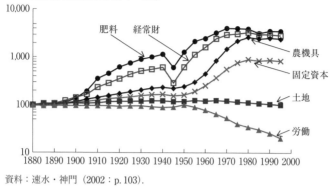

要素投入指数(1878-82 年 = 100)

資料：速水・神門（2002：p. 103）.

図 1-1　農業における肥料・農機具投入量の変化

業を行うなど，労働集約的な農業が行われていた．

　次に，1880 年以降の肥料及び農薬などの経常財の推移をみると，1900 年頃から増加しはじめ，2000 年には 1878 年から 1882年の投入量の数十倍に達している．このように，日本の農業は過去 120 年間で肥料や農薬を多投する形態へと変化してきた．ただし，戦前の肥料投入量の増加には，有機肥料（金肥や堆肥）の投入量の増加も関係している．一方，農機具の投入は，1950 年代以降に大きく増加しており，農業の機械化は一部の地域を除いて，戦後に始まった．そして，牛や馬は農業に使われなくなった．私たちが現在目にする，化学肥料，農薬や農業機械を使う農業は，ごく最近始まったものなのである．

(2) 世界の農薬・化学肥料使用量

　このように，日本の農業は化学肥料や農薬を多投する形へと変わってきたが，世界の農業の化学肥料や農薬の投入量はどうであ

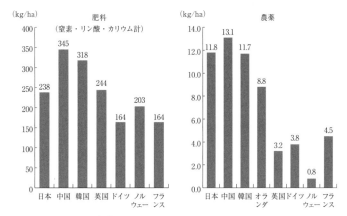

注：化学肥料，農薬ともに 2018 年の値.
資料：FAOSTAT をもとに筆者作成.

図 1-2 単位面積あたり化学肥料・農薬使用量の国際比較

ろうか．図1-2 は，東アジア及びヨーロッパ諸国の化学肥料や農薬の使用量（単位面積あたり）を示したものである．

　化学肥料の使用量について示した図1-2 の左側をみると，日本や中国などの東アジア諸国は，ヨーロッパ諸国に比べて，化学肥料使用量がやや多いことがわかる．世界的に見て，東アジア諸国は面積あたりの化学肥料使用量がやや多い傾向にある．

　次に，図1-2 の右側をみると，東アジア諸国の面積あたり農薬使用量は，ヨーロッパ諸国のそれを大きく上回っており，東アジア諸国は農薬使用量が世界的にみて高い水準にあることがわかる．ただし，こうした使用量の違いには，栽培作目の違いなども関係している．また，東アジア諸国とヨーロッパ諸国では，年間降水量が異なるため，化学肥料や農薬の使用量が多いことが，環境面でのリスクに直結するわけではない．

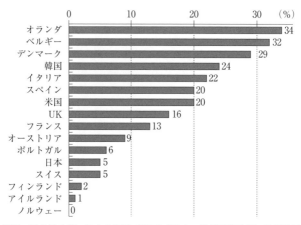

資料：荘林幹太郎・佐々木宏樹（2018）『日本の農業環境政策』農林統計
　　　協会：p. 40. をもとに筆者作成.

図 1-3　地下水の硝酸塩が飲料水の水質基準値を超過した農
　　　　　業地帯の割合（2000-10 年）

　しかし，農薬や化学肥料の多投は，水質汚染や農産物への残留
農薬による健康被害を引き起こす可能性がある．特に，ヨーロッ
パ諸国では，化学肥料や家畜糞尿に起因する硝酸態窒素（硝酸
塩）による水質汚染や地下水汚染が，より深刻である．図1-3は，
地下水の硝酸塩が飲料水の水質基準値を超過した農業地帯の割合
を各国別に整理したものである．この図をみると，オランダ，ベ
ルギーやデンマークといったヨーロッパ諸国において，農業地帯
の 3 割前後で水質基準値を上回る地下水の汚染が進んでおり，水
質汚染が深刻な状況にあることを読みとれる．

　同様に，農薬が表流水や地下水に浸透し，水質の悪化をもたら
すこともある．図は省略するが，表流水及び地下水の農薬濃度が
飲料水の水質基準値を超過した農業地帯の割合についても，図

1-3 と同様に，ヨーロッパ諸国において，飲料水の水質基準値を超過した農業地帯の割合が高く，フランスやベルギーでは，地下水の農薬濃度が飲料水の水質基準値を超過した農業地帯が 25% に達しており，深刻な状況である．このように，化学肥料や農薬に起因する水質汚染や地下水汚染が多くの国で生じている．それでは，農業が多量の農薬や化学肥料を投入するようになり，環境への負荷が高まるようになったのは，なぜだろうか．そこで次項では，農薬や化学肥料を多投する近代農業が展開した背景を考えてみたい．

（3）近代農業の展開

　図 1-4 は 1960 年から 2017 年までの世界の穀物単収の推移を示している．なお，単収とは耕地面積あたりの収穫量を表し，ここでは小麦換算されている．図より，サブサハラアフリカを除いて，大半の地域が過去約 60 年間で穀物単収を高めたことがわかる．特に，東アジアや東南アジア諸国を含む東アジア・大洋州は，1970 年代から 80 年代にかけて穀物単収を大きく高めている．このように，穀物単収が増加した背景の 1 つとして，高収量（近代）品種の普及があげられる．たとえば，1970 年代から 80 年代にかけて東南アジアを中心とする熱帯地域において，高収量品種の普及とそれに伴う食料生産量の大幅な増加が実現した．これは「緑の革命」として知られる．緑の革命で普及した高収量品種は，どのような特徴を持っていたのだろうか．

　図 1-5 は，緑の革命で普及した高収量（近代）品種と高収量品種が普及する以前に栽培されていた品種（在来品種）を示したものである．一見して，高収量品種は在来品種より背丈が低いこと

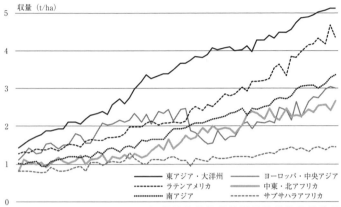

資料：World Bank. *World Development Indicator 2021.*

図 1-4　世界の穀物単収の推移

がわかる．インドネシアやフィリピンなどの熱帯地域はタイフーンの常襲地帯であり，暴風雨による稲の倒伏は生産量低下の一因となる．高収量品種のように，背丈が低く，茎が太いことで，倒伏耐性が高く，在来品種に比べて高い生産量を期待できる．また，在来品種に比べて，高収量品種は葉が日光に向かって直立状に伸びていることがわかる．赤道近くの低緯度地帯では太陽高度が高いため，こうした特性は日光の吸収を容易にし，光合成の能力が高いことを意味する．このため，高収量品種は在来品種よりも高収量で安定的な収量を期待できる．人口が急速に増加していた東南アジア諸国において，高収量品種の普及は，飢餓を未然に防ぐ役割を果たし，栄養不足の解消に貢献したことが知られている．

　一方で，高収量品種は多くの肥料投入を要し，肥料に含まれる窒素分に敏感に反応し，肥料投入を増やすことで，収量が大きく

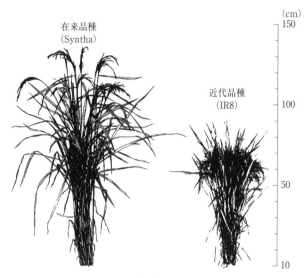

注：Synthaとはインドネシアの在来品種の一種である.
資料：速水佑次郎（2000）『新版 開発経済学』創文社：p.97.

図1-5　在来品種と近代品種

増加する特徴を持つ．また，緻密な水管理や農薬散布をはじめとする管理労働を必要とする．このため，高収量品種の普及は，肥料や農薬の多投をもたらした．また，高収量品種は，緑の革命が起きた東南アジア諸国だけでなく，日本をはじめとする先進諸国や他の途上国でも普及している．たとえば，日本では過去140年間で，水稲単収は約200kg/10a（1880年）から531kg/10a（2020年）へと約2.6倍に増加した．

このように，高収量品種の普及などによって，世界の農業は化学肥料や農薬を多投する形態へと変化した．そして，（2）で述べたように，化学肥料や農薬の多投は水質汚染をはじめとする環境

問題を引き起こした．こうした化学肥料や農薬の多投は，生産要素の相対価格の変化を背景とした，農業者の合理的選択の結果として経済学的に説明されている．そうであっても，近代農業は持続性の観点から，疑問視されている．また，消費者は食の安全・安心を求めるようになり，減農薬農産物や無農薬農産物に対するニーズが徐々に高まった．

（4）近代農業の先へ

　日本では，1980年代後半以降，面積あたり化学肥料や農薬の投入量は減少傾向にある．図は省略するが，農薬の面積あたり投入量は1985年から2011年にかけて107kg/haから56kg/haへと，投入量の削減が相当進んでいる（ただし，少量の投入で済ますことのできる「効き」の強い農薬が開発され，普及している．このため，投入量の5割削減は，農薬がもたらすリスクの5割低下を意味するわけではないことに注意が必要である）．この背景の1つとして，減化学肥料栽培や減農薬栽培をはじめとする環境保全型農業の展開があげられる．一方で，化学肥料や農薬投入量の減少が進むなか，生物農薬の普及が進んでいる．

　生物農薬とは，化学合成農薬を用いる代わりに，生物の働きを農薬として利用するものである．たとえば，ナスの温室栽培における天敵昆虫の例がある．ナスの表皮にシミを作るオンシツコナジラミ（以下，コナジラミ）という害虫がいる．従来，コナジラミを駆除するために，化学合成農薬が頻繁に散布されていた．しかし，コナジラミを捕食する天敵として，タバコカスミカメ（以下，カメムシ）という昆虫がいる．そこで，化学合成農薬を利用する代わりに，カメムシを温室内に散布することで，カメムシが

コナジラミを捕食する．このように，カメムシがコナジラミの天敵であることを利用して，害虫であるコナジラミを駆除するとともに，農薬の利用を減らすことができるため，減農薬栽培が可能になる．こうした生物本来の習性や働きを活用して，農薬の削減を可能にする１つの方法として，生物農薬の利用が進んでいる．

　しかし，生物の習性や働きを活用する農業のあり方には，デメリットがあることもわかってきた．トマトなどの野菜やモモ，リンゴといった果樹は，受粉によって結実（結果）するため，受粉の効率性を高めることが生産上，重要である．受粉の役割は主にハチが担うが，受粉効率を高めるために，施設栽培トマトでは，1992 年に在来種のマルハナバチ（以下，在来バチ）よりも受粉効率の高いセイヨウオオマルハナバチ（以下，外来バチ）が本格的に導入された．そして，外来バチは 2003 年には約 70％の施設栽培トマト農家に普及した．外来バチはハウス内で散布され，受粉を終えると，ハウス内で回収され，専門業者等によって処分される．しかし，ハウス内で回収されずに，野外に飛び出した外来バチは，在来バチの巣を攻撃し，盗蜜行動により在来バチを駆逐することで，在来種が淘汰され，地域の生物多様性の崩壊を招いた．こうしたことから，外来生物法（用語解説を参照）によって，2006 年には外来バチの飼育が禁止された．農業への生物の導入は，農薬の削減による環境負荷の軽減を実現し，生産効率の向上が図られた一方で，地域の生物多様性に負荷をもたらし，あらたな課題を生み出した．こうした課題の解決に向けた政策や制度の構築，地域での取り組みにくわえて，ICT をはじめとする新技術による環境負荷の軽減も今後重要となろう．

3. 農業と環境の関係

(1) 農業と環境の関係

　ここまで，世界各国で，農薬や肥料の多投を特徴とする近代農業の展開が進み，環境負荷が高まったことや，その軽減策の1つとしての生物農薬の導入やその課題について述べた．そこで次に，こうした農業と環境との関係を概念的に考えてみたい．

　農業と環境との関係について，次のような状況を考えてみる．まず，農家は営農にあたって，肥料や農薬などの生産資材を市場（たとえば，JAやホームセンターなど）から購入し，生産資材を投入することで，農産物を生産し，それを市場（たとえば，JAへの出荷や直売所での販売など）に販売する．農家は市場を通じて，生産の対価を得て，生産資材の供給に対する対価を支払う．また，この農家が農業を営む地域には豊富な地下水が存在し，この地下水は農家にくわえて，地域住民にも飲料水として利用されているとする．地下水が育む地域の自然資源では，豊かな生態系が育まれている．こうした農業と環境との関係を図1-6に示す．

　ここで，近代農業の展開によって，農薬や化学肥料が多投されると，その一部が硝酸態窒素などの汚染物質となって，土壌を通じて地下水に浸透する．そして，汚染物質の含まれた地下水を地域住民が利用することで，地域住民に健康被害が起こり，また，水質汚染による生物多様性の喪失が生じる．このとき，仮に健康被害を受けたことがわかったとしても，地域住民はそれが農業に起因するものか，それ以外に起因するものか，被害をもたらした主体や原因の特定は難しい．このため，多くの場合，被害を受け

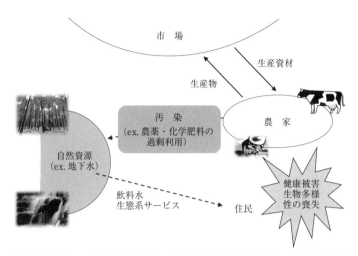

資料：生源寺眞一（2011）『現代日本の農政改革』東京大学出版会：p. 165. を基に筆者作成.

図 1-6 農業・環境・市場の関係

た地域住民は，医療費をはじめ被害額の賠償を受けることができない．つまり，汚染源を特定できないため，誰からも被害の補償を受けることができない．これは水質汚染に関する市場が存在しないため，とみることができる．このように，市場取引を介さずに，直接的な依存関係が発生する現象は，外部性と呼ばれる．

　一方で，地域住民は，地下水が汚染される以前は，地下水が育む生物多様性によってもたらされる生態系サービスを無料で（対価を支払うことなく）享受していた．これも生態系サービスに関する市場が存在しないため，とみることができる．このように，農業と環境との関係を考える上で，市場が存在しないことにより，無料でサービスを享受することや，誰も被害を補償しないことが起きる．こうした市場取引を介さずにもたらされるサービスや被

害は，それぞれ外部経済，外部不経済と呼ばれる.

(2) 農業の多面的機能と外部経済

(1)では，農業が環境にもたらす負の影響を中心に，外部経済や外部不経済について述べたが，ここでは農業が環境にもたらす正の影響について述べたい.

皆さんのなかには，旅行やドライブなどで，棚田を訪れたことのある人もいるだろう．棚田のある景観を楽しみ，農村の景観にやすらぎを感じたことのある人は多いのではないだろうか．このように，水田は米を生産する場であるだけでなく，美しい景観や農業を起点とした農村の文化を育む場でもある．また，水田は大気浄化や生物多様性の保全やレクリエーションの場としての機能も果たす．これは，農業が水田で営まれることによって発揮される機能である．この他にも，雨水を貯めて洪水を防ぐダムのような機能や土砂崩れや土砂流出を防ぐ機能，さらには，農村の伝統文化を継承する機能などがある.

このように，水田をはじめとする農地は，食料供給以外に様々な多面にわたる機能を発揮する．こうした機能は，「多面的機能」と呼ばれる．農林水産省の定義によれば，多面的機能は「国土の保全，水源の涵養，自然環境の保全，良好な景観の形成，文化の伝承など，農村で農業生産活動が行われることにより生じる，食料その他の農産物の供給機能以外の多面にわたる機能」である．我々はこうした多面的機能を市場取引を経ずに，無料で享受している．その意味で，多面的機能は農業がもたらす外部経済といえる．そして，多くの先進国では，農業の多面的機能が認識され，将来にわたって持続的に発揮されることが必要であるとの議論が

なされている.

(3) 農業の多面的機能に対する認知：農家と消費者

それでは，多面的機能はどの程度知られており，多面的機能に対する考え方に農家と消費者の間に違いはあるのだろうか．

まず，農林水産省の調査結果（『食料・農業・農村及び水産業・水産物に関する意識・意向調査』（2014 年 5 月））によれば，農業者の 92.7％が多面的機能を知っていたと回答した一方で，多面的機能を知っていたと回答した消費者の割合は 63.0％にとどまっており，農業者と消費者の間で多面的機能に関する認知にギャップがあることがわかる.

次に，農業者と消費者それぞれについて，農業・農村の多面的機能のうち重要と思う機能について整理した図 1-7 を示す．図より，「土砂崩れを防ぐ機能」，「暑さをやわらげる機能」や「生きもののすみかになる機能」などいくつかの機能について，重要と思う割合が農業者と消費者の間で同水準である一方，「一時的に雨水をためて洪水を防ぐ機能」や「農村の景観を保全する機能」などいくつかの機能では，農業者と消費者の間で割合が大きく異なる．このように，多面的機能の各機能をみると，農業者と消費者の間で評価の異なる機能がある．農業者と消費者の間で，多面的機能に対する考え方や評価に違いがあると言えそうである.

4. 農業は環境にやさしいか

最初の問いに立ち返りたい．本章の問いは，「農業は環境にやさしいか」であった．皆さんはどのように考えるだろうか．筆者

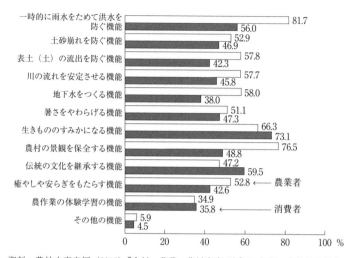

資料：農林水産省編（2015）『食料・農業・農村白書 平成26年版』農林統計協会：p. 165.

図 1-7 農業・農村の多面的機能のうち重要と思う機能（複数回答）

が用意した回答は，「やさしい面もあれば，やさしくない面もある」である．この回答に「なぁんだ」と思った人もいるだろう．しかし，農業と環境の関係をはじめとする多くの社会事象は，Yes or No といった二分法で回答できない性質を持っている．そして，農業や環境問題をはじめとする社会問題の多くは，どの側面を強調するかによって見え方が異なり，二面性がある．また，農業者と消費者の間で多面的機能に対する見方が違ったように，環境に対する見方は市民の間で異なる．こうした点に注意を払いつつ，社会事象を考察できるようになることが，社会科学を学ぶ意義の1つといえるであろう．皆さんの多くは大学生であろう．今後は，多くの社会事象に二面性（多面性）があることを意識し

て，一義的な理解に留まらないよう，学びを進めることをのぞみたい．

　さらに，本章で述べた近代農業の課題を克服するために，農業の持続性を確保するための取り組み（市民の取り組み，新たな農業技術の普及や制度・政策の展開など）は，今後も重要な役割を果たすであろう．環境の質を低下させることなく，次世代に現世代と同水準の環境を継承することが，世代間の衡平性を満たす上で不可欠であろう．その意味で，持続可能な農業や農村のあり方を考察の対象とする社会科学的研究は，その重要性が今後さらに高まると思われる．

用語解説

外来生物法：2004 年に公布された「特定外来生物による生態系等に係る被害の防止に関する法律」の略で，具体的には，問題を引き起こす海外起源の外来生物を特定外来生物として指定し，その飼養などの取扱いを規制し，特定外来生物の防除等を行うものである．

外部性：本章で紹介した外部性以外にも様々な外部性がある．たとえば，新しい農業技術の普及において，近隣農家が新技術を採用することで，地域における新技術の普及が促進されるといった，技術的外部性（近隣外部性）と呼ばれるものもある．

演習問題

問 1（個別学習用）

　あなたの身の回りには，どのような環境問題がありますか．また，その問題にはいかなる外部不経済（または外部経済）が発生していますか．具体的な環境問題をあげて，説明してみよう．

問 2（個別学習用）

　あなたはどのような環境問題に関心がありますか．また，その問題

は，なぜ起きているのだろうか．外部経済や外部不経済と関連づけて，説明してみよう．

問3（グループ学習用）

図1-7によれば，農業・農村の多面的機能のなかには，重要と思う機能が農業者と消費者で異なるものがありました．こうした違いが生まれる理由を話し合ってみよう．

問4（グループ学習用）

生物農薬には，本章で紹介したもの以外にどのような生物がいかなる作物に使われているだろうか．グループで調べて発表してみよう．

文献案内

栗山浩一・馬奈木俊介（2020）『環境経済学をつかむ 第4版』有斐閣

　多くの大学生に読まれる環境経済学の基本書である．「生物多様性と生態系」，「環境の価値」や「国際貿易と環境」をはじめ，多様なトピックを扱っており，記述も比較的平易である．本書を通じて，環境問題をはじめとする社会問題を深く知るためには，事例や現象の内容を知ることに加えて，考え方の基礎としてのミクロ経済学や統計学の習得が大切であることもわかるだろう．

バリー・C・フィールド（2016）『入門 自然資源経済学』（庄子康・柘植隆宏・栗山浩一訳）日本評論社

　アメリカの学部生向けに執筆された環境・資源経済学の基本書である．第2部「基本的な考え方」などで，考え方の基礎が丁寧に述べられているため，自習も可能である．第3部「一般的な自然資源問題」では，たとえば，第14章の「農業経済学」において，農薬の過剰利用に起因する薬剤抵抗性の影響など，重要かつ多様な資源・環境問題のトピックが所収されている．

第**2**章

持続可能性と会計

本 所 靖 博

本章の課題と概要

　持続可能な社会の実現は，私たち人類にとって国際的に共通の社会的課題である．モノやサービスは持続可能性を意識して生産・供給され，私たち消費者も持続可能性を意識してモノやサービスを消費するようになっている．また，企業の設備資金や長期運転資金を扱う資本市場（用語解説を参照）においても投資家が持続可能性を意識した投資をしている．読者の皆さんは，トリプルボトムライン（以下 TBL）や ESG（環境・社会・ガバナンス）投資という用語を聞いたことがあるだろうか．これらの用語は会計（用語解説を参照）の新しい役割と関連しており，資本市場の基盤となっている会計制度や財務報告制度とも大きく関係している．

　そこで，本章では持続可能性をいかに扱うのかという問いを会計的視点から考えてみる．持続可能性と会計がどう結びつくのかわからないと感じる読者も多いだろう．そもそも会計とは何かというところから紐解き，ビジネスの共通言語といわれる会計の世界から持続可能性の新しい扱いを見ていく．そして，序章における持続可能性のトライアングルに関連して，TBL とは何かを説

明し，会計において TBL をいかに扱う（報告する）のかに関連して，ESG 投資やその会計基準・報告基準の国際的動向を確認し，会計の有用性と会計的視点を示す．

1. 会計の世界

（1）会計とは何か

　読者の皆さんは会計にどんな印象を持っているだろうか．筆者が担当する授業で受講生に質問してみると，「難しそう」「サークルで会計を担当しているが大変」といったネガティブな印象の回答が多く見られる．このような回答が多いのは，会計関連の科目の担当者としては残念なことだが，会計は受講生や読者の皆さんが将来ビジネスの世界で使う共通言語なので，「会計は難しくなさそうだ」「会計は重要だから学んでみよう」と会計を身近に感じてもらえたらといつも考えている．

　皆さんにとってもっとも身近な会計は，買い物をするときのお会計ではないだろうか．このお会計はモノやサービスの購入と対価の支払いという経済行為である．この経済行為に関連して，お小遣い帳や家計簿をつけた経験はないだろうか．お小遣い帳も家計簿も私たち消費者が記録する会計帳簿であり，会計行為の1つである．

　一方で，読者の皆さんの将来の働き先となる生産者（主に株式会社等の企業）が記録する会計帳簿を記録した経験はほとんどないのではないか．株式会社は，株式を発行し，投資家から出資を受け，その資金で事業活動を行う会社である．株式会社の経営者は，株主に対し，出資に対する事業活動の成果を報告しなければ

ならない．その報告は会計帳簿に基づいて作成される財務諸表（用語解説を参照）という決算書によって行われるため，財務報告という．この財務報告も会計行為の1つである．財務報告の内容は株価や株主への配当に影響するため，とても重要である．この他，金融機関からの借入や税務申告などにも幅広く使われる．このように会計は資本主義経済に不可欠なものである．

(2) ビジネスの共通言語としての会計の役割

　前項で述べた株式会社における財務報告という会計行為が本章の中心となる会計である．この会計は，1966年にアメリカ会計学会の基礎的会計理論委員会が「情報利用者が事情に精通した上で判断や意思決定を行うことができるように，経済的な情報を識別し，測定し，伝達するプロセスである．」と定義づけた．言いかえれば，会計とは，情報利用者（利害関係者）が適切な意思決定をできるよう，経済主体の経済活動を複式簿記に基づいて貨幣金額で記録・測定して報告する手続きである．

　次に，会計はビジネスの共通言語として重要なのだろうか．会計は事業の言語（language of business）とか事業の実態を映し出す鏡といわれる．会計が作り出す財務諸表によって経営者も投資家も事業の実態を知ることができるため，会計がなければ経営管理も投資意思決定もできなくなってしまう．京セラの創業者の稲盛和夫（2000）『稲盛和夫の実学』（日本経済新聞出版）には「会計がわからんで経営ができるか」と会計の重要性が説かれている．また，慶應義塾大学名誉教授で公認会計士の山根節氏も経営管理者に求められるビジネス3言語として，自然言語（語学）・**機械言語**（コンピュータ／プログラミングの人工言語）・会計言語

（簿記会計）を挙げている．こうした実務家の声からも，ビジネスの共通言語としての会計の役割の重要性がうかがえる．

（3）事業の実態を映し出す鏡としての会計基準

北村敬子（2011）は，「会計が事業の実態を映し出す鏡であるならば，その鏡は実態をありのまま正確に映し出さなければならない」[1]と説いている．この鏡の精度が会計基準で，会計人たちはその精度を高める努力をしてきた．会計史家のアーサー・ウルフの名言に「会計の歴史は概して文明の歴史である．文明は商業の親であり，会計は商業の子どもである．ゆえに会計は文明の孫」という言葉があり，会計は時代を映す鏡といわれてきた．とはいえ会計基準の歴史は浅く，まだ100年も経っていない．アメリカのUS-GAAP（一般に公正妥当と認められた会計原則）という会計基準は，1929年の世界大恐慌を教訓に政府が投資家を保護する必要性から生まれたものである．投資家へのよりよい情報提供と企業へのさらなる透明性を求めて，1934年にSEC（米国証券取引委員会）の設立時にUS-GAAPが導入された．日本を含め世界中の国々も同様に，各国独自の会計基準を設定した．

一方，企業は外国の企業との取引や国際金融市場での資金調達を行う際に世界的に通用する財務諸表を作成する必要性が生じた．そこで，1973年にIASC（国際会計基準委員会）が設立され，事業の実態を映し出す鏡の世界標準としてIAS（国際会計基準）が設定されるようになった．現在は各国・地域の公認会計士団体で組織化されたIASB（国際会計基準審議会）がIFRS（国際財

1）　北村敬子（2011）「今や会計が企業行動を変える」
（https://yab.yomiuri.co.jp/adv/chuo/opinion/20110411.html）

務報告基準）を作成・公表している．KPMG サステナブルバリ
ューサービス・ジャパンのパートナー芝坂佳子（2021）は，「国
際財務報告基準がなければ今日の資本市場は成り立たない．比較
可能で適合性のある高品質な情報を提供することによって，投資
家が企業業績を比較したり，個別の企業業績を時系列で比較した
りすることができるようになる」[2]と指摘している．投資家の意
思決定に不可欠なこの環境は資本市場の絶対的な基盤である．こ
の基盤は利害関係者への財務報告の内容に影響し，後述する持続
可能性の評価とも関連している．

2. トリプルボトムライン

（1）持続可能性のトライアングルと TBL の背景

　持続可能な開発（以下 SD）の概念は，1987 年に国連の「環境
と開発に関する世界委員会（ブルントラント委員会）」が報告し
た『Our Common Future（われら共有の未来)』によって広く
知られるようになった．SD は「将来の世代のニーズを満たす能
力を損なうことなく，今日の世代のニーズを満たすような開発」
と定義された．環境保全と経済成長は対立するものではなく，両
立し互いに支えあうものであることを示すもので，人間社会の良
好な発展の両輪として位置づけられた．この『Our Common Fu-
ture』で取り上げられる重要な問題として，大磯輝将（2010）は

---

2)　芝坂佳子（2021）「The Future of ESG Is … Accounting?－企業報告
　の現在と IFRS 財団のサステナビリティ基準がもたらす将来－」
　（https://home.kpmg/jp/ja/home/insights/2021/05/corporate-
　governance-210506.html）

「地球環境の有限性と並んで，資本主義の弱点として経済的・社会的不平等」[3]を挙げている．

　このような問題を背景に，亀山康子（2014）は「1992 年に開催された国連環境開発会議（地球サミット）を経て，持続可能な発展概念の中では，環境保全と経済成長に加えて，途上国の貧困や教育など人間の社会的側面を充実させる重要性が指摘されるようになった」[4]と述べ，環境・経済・社会が SD を支える 3 要素（トライアングル）として評価するしくみや制度化が進んだ．この 3 要素は「トリプルボトムライン」と言われるようになり，従来の財務報告の枠組みでは，経済の要素である財務的業績を示すだけであったが，この業績に加えて社会的業績や環境的業績を考慮できるよう従来の財務報告の枠組みを拡張する動きにつながっていく．

(2) TBL とは何か

　TBL を説明する前に，読者の皆さんはボトムラインという専門用語の意味を知っているだろうか．ボトムラインとは，伝統的な企業会計の枠組み（会計のフレームワーク）でいう損益計算書の最終行（ボトムライン）に示される当期純利益を指す．日本語では生活用語にもなっている「帳尻が合う」の帳尻でもある．

　では TBL とは何だろうか．TBL は社会的企業の提唱者といわれるフリーア・スプレックリーが 1981 年に『Social Audit -

---

3)　大磯輝将（2010）「持続可能な社会のための科学・技術」『総合調査報告書：持続可能な社会の構築』：p. 118.
4)　亀山康子（2014）「「持続可能な発展」と「持続可能性」」『国環研ニュース』32(6)：p. 8.

Co-operative Working のための管理ツール』という出版物で初めて提唱し，企業は財務実績・社会的富の創造・環境的責任について測定・報告すべきだと主張した．その後，この TBL 概念は世界的な CSR（用語解説を参照）のオピニオンリーダーであるジョン・エルキントンがアメリカの企業の持続可能なパフォーマンスという新たな概念を測定しようと 1994 年に提唱したものである．この概念は，2000 年に発行された GRI（Global Reporting Initiative：日本語訳なし）の「サステナビリティ報告ガイドライン」の中心概念として採用され，今日に至る．

　GRI は持続可能性に関する国際基準と情報公開の枠組みを策定することを目的とした非営利団体である．アメリカの企業エクソンモービル社が保有するタンカーが起こした海洋汚染事故をきっかけに，企業が環境負荷に対する説明責任を遵守するためのシステムを構築するため，国連環境計画（UNEP）が公認する団体として 1997 年にボストンで設立された．

　話は戻って，TBL は，地球（Planet）・人々（People）・利益（Profit）の 3 つに焦点を当て，環境的側面（地球）・社会的側面（人々）・経済的側面（利益）の 3 つの側面から持続可能な企業業績を報告するための新しい会計フレームワークである（表 2-1）．3 つの焦点の単語が全て P で始まることから，3 つの P のバランスをとるともいわれている．TBL は「3 種類の利益」という意味ではなく，経済面に加えて環境面や社会面も反映した「3 重の利益」を意味し，ひとつの数字の中に経済・環境・社会の 3 要素が反映されていると解釈する．また，TBL の概念は，企業の責任が株主ではなく，従業員・顧客・サプライヤー・地域住民・政府機関・債権者を含む利害関係者にあることを求めている．企業

表 2-1　3P と TBL

Planet	持続可能な方法で調達された原材料のみを使用しているか，その製品・商品・サービスは，地球環境にどのような影響を与えるのか，持続可能な企業イメージは得意先や消費者にとっても重要である．事業活動の持続可能な取り組みを測定する．
People	働き手には公正な給与を提供しているか，製品やサービスの提供を通じた事業や便益は社会に還元しているかなど，事業活動に伴うすべての利害関係者への影響を測定する．
Profit	利益は企業やその株主だけでなく，利害関係者を含む社会全体にどれだけ貢献しているかを測定する．
TBL	財務諸表に表示される数字の利益だけでなく，事業活動が生み出す本質的な豊かさに焦点を当てた企業業績の測定を試みる．

出所：筆者作成．

は，株主の利益を最大化するのではなく，利害関係者の利益を調整する手段として TBL を使用する．つまり，企業価値は株主価値だけを高めることによって評価されるのではなく，社会価値と経済価値の両方を高めることによって評価される．

(3) TBL を取り入れた企業経営の事例

　SD が持続可能な開発の概念を基礎としながら，従来よりも広い領域や分野を対象としうるよう持続可能性へ移行したように，TBL を取り入れた企業経営も図 2-1 に示したように第二世代から第三世代へと変遷している．PwC によれば，第二世代は環境と経済と社会は独立した存在だが，相互に関連する領域があり，企業の長期的な持続・成長にはその関連領域に配慮しなければならないという考え方である．第三世代は環境と社会のなかで企業活動を長期的に持続・成長させるという考え方である．第二世代から第三世代への展開では，環境と経済と社会の 3 要素がトレー

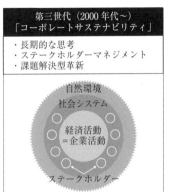

第二世代（1990 年〜2000 年頃）
「トリプルボトムライン型 CSR」
・効率的な操業
・説明責任
・積極的な情報開示

経済活動
＝企業活動

社会
システム

自然環境

第三世代（2000 年代〜）
「コーポレートサステナビリティ」
・長期的な思考
・ステークホルダーマネジメント
・課題解決型革新

自然環境

社会システム

経済活動
＝企業活動

ステークホルダー

注：図中の破線は企業がとらえる CSR/Sustainability の領域を示す.
出所：PwC「コーポレート・サステナビリティ」より部分抜粋.

図 2-1　企業の TBL（持続可能な経営）の変遷

ドオフの関係から，環境と社会は経済の前提条件となった点がポイントである．こうした考えを積極的に取り入れた企業経営（持続可能な経営）を実践している企業として，三井化学株式会社の3 軸経営（経済軸・環境軸・社会軸からなる TBL）や株式会社リコーの Three Ps Balance（経済：Prosperity，社会：People，地球環境：Planet）を目指した環境経営がある．読者の皆さんには，これら企業グループの Web サイトの企業理念や持続可能性の項目にアクセスしてみてほしい.

3．ESG 投資とサステナビリティ会計基準

（1）ESG 投資

CSR と持続可能な取り組みについての改善を検討している場合だけでなく，企業の長期的な成長を考慮し，ESG 投資を考え

ている場合も前節の TBL 概念を使用することは有効だと考えられている．この ESG 投資は何かを説明し，ESG 投資の意思決定を支える新しい会計基準の動きを見ていこう．

　経済産業省によれば，ESG 投資とは，従来の財務情報だけでなく，環境（Environment）・社会（Social）・ガバナンス（Governance）要素も考慮した投資のことを指す．特に，年金基金など大きな資産を超長期で運用する機関投資家を中心に，企業経営の持続可能性を評価するという概念が普及し，気候変動などを念頭においた長期的なリスクマネジメントや，企業の新たな収益創出の機会を評価するベンチマークとして，SDGs（国連持続可能な開発目標）と合わせて注目されている．2006 年，投資に ESG の視点を組み入れることなどを原則として掲げる PRI（国連責任投資原則）が提唱されて以来，ESG 投資が広がっている．PRI 署名機関は，2022 年 6 月現在，世界で約 5,000 社弱，日本で 117 社に及ぶ．ESG 投資残高（2020 年度）は GSIA（Global Sustainable Investment Alliance：日本語訳なし）が 2021 年 7 月に発表した統計で 35 兆 3 千億ドルに及ぶ．日本でも，日本の年金積立金管理運用独立行政法人（GPIF）が 2015 年に署名したことを受け，ESG 投資が急速に普及した．

（2）サステナビリティ会計基準

　主に機関投資家を中心に ESG 投資の意思決定のベンチマークとして，企業経営の持続可能性を評価する概念が急速に普及しているが，この評価スキームは上場会社に義務付けられているものではない．そこで，情報の信頼性を担保する必要性が生じ，財務報告と同等の持続可能性報告の会計基準（サステナビリティ会計

表 2-2　SASB スタンダードの開示項目

局面	環境	社会資本	人的資本	ビジネスモデルとイノベーション	リーダーシップとガバナンス
課題カテゴリー	温室効果ガス排出 大気の質 エネルギーの管理 取水・排水の管理 廃棄物・有害物質の管理 生態系への影響	人権・コミュニティとの関係 顧客プライバシー データセキュリティ アクセス・入手可能な価格 品質・製品安全 顧客の福祉 販売慣行・製品表示	労働慣行 労働の安全と衛生 従業員エンゲージメント・多様性・ダイバーシティ＆インクルージョン	製品デザインとライフサイクル管理 ビジネスモデルの強靭性 サプライチェーンマネジメント 原材料の調達と効率性 気候変動の物理的影響	ビジネス倫理 競争行為 法規制環境の管理 重大事故のリスク管理 システミックリスクの管理

出所：SASB スタンダードに基づいて筆者作成.

基準）が求められている．それが SASB スタンダードである．

　この基準を設定しているのが SASB（サステナビリティ会計基準審議会）で，2011 年に米国サンフランシスコを拠点に設立された非営利団体である．企業の情報開示の質的向上に寄与し，中長期視点の投資家の意思決定に貢献することを目的に，将来的な財務インパクトが高いと想定される ESG 要素に関する開示基準を設定している．SASB 設立後，約 6 年にわたり，実務家・企業・投資家・学識者等を中心にエビデンスに基づく分析・議論を重ねて，2018 年 11 月に 11 セクター 77 業種について情報開示に関するスタンダードを作成し，公表したのが SASB スタンダードである．このスタンダードでは，業種毎に企業の財務パフォーマンスに影響を与える可能性が高い持続可能性の課題を特定して

いる．企業の持続可能性を分析する視点には，表2-2の通り，①環境，②社会資本，③人的資本，④ビジネスモデルとイノベーション，⑤リーダーシップとガバナンスの5つの局面とそれに関係する26の課題カテゴリーが設定されている．26の課題カテゴリーには，温室効果ガス排出，品質・製品の安全，労働の安全と衛生，サプライチェーンマネジメント，重大事故のリスク管理などがある．SASBスタンダードが規定する開示項目はこの課題カテゴリーに紐づいている．

（3）サステナビリティ会計基準統一の動き

　今後の課題として，近年，ESG情報を開示するための基準が乱立していることへの問題意識が高まっている．実際，基準設定機関の共同声明やIFRS財団によるサステナビリティ報告基準設定の提案など，基準の統一への動きが見られる．2021年6月，統合報告書を推進してきたIIRC（国際統合報告フレームワーク）とSASBが合併してVRF（価値報告財団）となった．企業の長期的価値に関連する気候変動等の持続可能性についての情報開示と，将来的な財務インパクトが高いと想定されるESG要素に焦点を当てた持続可能性の関連指標について，より包括的で一貫した企業報告の枠組みの構築を求める企業・投資家に応える観点でVRFは設立された．さらに，IFRS財団は，VRFと気候変動等の持続可能性についての情報開示をリードしてきたCDSB（気候変動開示基準委員会）を統合して，持続可能性に関する国際的な開示基準を策定することを目的としたISSB（国際サステナビリティ基準審議会）を2021年11月に設立した．現在多様に存在する持続可能性関連の報告基準を「IFRSサステナビリティ基準」

として統合し，企業が投資家などに対して，ESG に関するより信頼性の高い報告ができるようにすることを目指し，2022 年 3 月には，IFRS：S1 号「サステナビリティ関連財務情報の開示に関する全般的要求事項」と IFRS：S2 号「気候関連開示」の公開草案を公表した．

　ESG 情報の主要な開示基準は，その目的によって開示対象とする分野，想定するステークホルダー，開示チャネル，従うべき原則，開示項目などが異なっている．とりわけ，マテリアリティ（重要性）について，各基準が「環境・社会問題による企業に対する影響の重要性」と「企業による環境・社会への影響の重要性」のどちらに重きを置いているのかを把握することは，基準を理解する上で非常に肝要である．

(4) 日本のサステナビリティ会計基準の現状

　国際的なサステナビリティ会計（報告）基準の潮流を見てきたが，日本のサステナビリティ会計（報告）基準の現状はどうなっているだろうか．環境省が 2018 年に公表した『環境報告ガイドライン』を参考に見てみよう．日本では名称のいかんにかかわらず，環境や社会の側面について触れているものをすべて環境報告と定義している．環境報告の開示媒体については利用者別に以下の 2 つの系統がある（図 2-2）．

　・財務報告書（義務）：有価証券報告書・事業報告書
　・非財務報告書（任意）：統合報告書・サステナビリティ報告書・CSR 報告書・環境報告書

『環境報告ガイドライン』によれば，環境報告を通じて次の社会的役割が期待されている．

①事業者が環境マネジメントにより環境への影響をどのように適切にコントロールし，その結果，持続可能な社会の実現にどう貢献しているのかをステークホルダーに伝えること

②事業者が，人類全体の共有財である自然資源を利用して事業を行う者として必要な説明責任を果たすこと

③事業者がステークホルダーの判断に影響を与える有用な情報を提供するとともに，社会と事業者の間の環境コミュニケーションを促進すること

前節(3)項でも説明したとおり，サステナビリティ会計基準が国際的に統一される動きを受けて，日本においても 2022 年 7 月に SSBJ（サステナビリティ基準委員会）が設立された．この委員会は，国際的なサステナビリティ開示基準の開発に対して意見を発信したり，国内基準を開発することを担っている．読者の皆さんにも今後の動きに注目してほしい．

また，ESG 情報の主要な開示基準に準拠・参照する企業は，

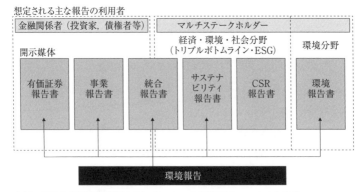

出所：環境省『環境報告ガイドライン 2018 年版解説書』：p.7 より抜粋．

図 2-2　利用者別の環境報告の開示媒体

国際的にも日本においても，増加傾向にある．日本では企業に対して環境・社会問題に関する情報の開示は明確には義務付けられていないが，開示の増加傾向を踏まえれば，なるべく積極的に基準に沿って持続可能性に関する情報を開示していくことが期待されている．企業がこれからできる新しいサステナビリティ会計基準に準拠・参照する上では，自社のESG情報の開示目的と各基準の目的・特徴を照らし合わせた上で，開示のためのガバナンス体制を構築することが求められている．

4. 会計の有用性と会計的視点

本章では「会計において持続可能性をいかに扱うのか」という問いを立て，ビジネスの共通言語としての会計の役割について身近な会計から説明し，将来世代の持続可能な社会づくりに会計が役立っているのかを示してきた．図2-3はESG投資を行う代表機関2社（FTSE社とMSCI社）によるESG評価の相関関係である．ESG評価会社間の評価のばらつきは全体として改善傾向にあるものの，国内株式のS（社会）とG（ガバナンス）についてはかなり課題が残る．持続可能性の評価・測定を試み，一定の知識を持つ者に見える化することは企業の生産活動の評価として必要だが，SASBスタンダードのような開示基準の統一化により，ESG情報の開示促進とESG評価の精度向上を推進しなければならない．

一方，TBLを提唱したジョン・エルキントン氏は多くの企業がこれをやれば大丈夫という会計システム的な使い方が広まっているとしてTBLを考え直す時とも述べている．会計は複式簿記

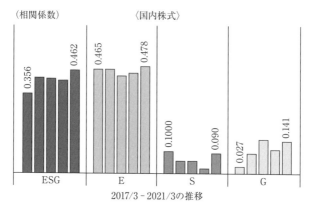

（相関係数） 〈国内株式〉

0.356 0.462 0.465 0.478 0.1000 0.090 0.027 0.141

ESG E S G

2017/3 - 2021/3の推移

出所：GPIF（年金積立金管理運用独立行政法人）『ESG 活動報告
2020』：p. 33 より抜粋.

図 2-3　ESG 評価の相関係数の推移

を用い，1つの取引に対して2つの側面から仕訳で表現する取引
の二面性という特徴を持つ．会計的な視点はこの複眼的思考を持
つことの大切さも教えてくれる．

用語解説

会計：会計は中国の『史記（司馬遷編纂）』という歴史書に登場した
「計は会なり」という言葉に由来している．「会」の旧字体「曾」は
湯気と蒸篭（せいろ）で，蒸すことによって大きく膨らみ，原型よ
り増大することから「増」の意味を持つ．「計」は「言」と「十」
を合成した字で，言は明確にする（話す）ことで，十は縦横のマト
リックスで東西南北の方位を意味している．古来，共同体で何かを
把握するときに十を書き，どの方面に何がどれだけあって，そのう
ちどれだけ狩猟し，持ち帰ったかを報告することが慣わしだったた
め，狩猟から帰ってきた者はその長に現場の真実を説明し，獲物の

数量を正しく報告することが要求されていた．すなわち，計の字には「各方面の現場の真実を正しく言う」という意味がある．以上の由来から「会計」の語源的な意味は「各方面の現場の真実を正しく言えば増大する」と解釈できる．

資本市場：金融取引が行われ，資金の需給関係が調整される金融市場のうち，企業の設備資金や長期運転資金などの取引が行われる長期金融市場のことを資本市場という．一般に株式や社債の発行によって資本を調達する過程から証券市場を指すことが多い．

財務諸表：財務諸表とは金融商品取引法に定められた「貸借対照表」「損益計算書」「キャッシュフロー計算書」「株主資本等変動計算書」「附属明細表」の5つを指す．決算期ごとに作成されるので決算書ともいう．

CSR（企業の社会的責任）：Corporate Social Responsibility（CSR）のことで，企業が自社の利益や経済合理性を追求するだけでなく，ステークホルダー全体の利益も考えて行動すべきであり，経済的・法社会的な責任だけでなく，ステークホルダー全体に及ぶ影響にも配慮すべきとする考え方．CSR の源流は近江商人の「三方よし」（買い手よし・売り手よし・世間よし）にあるとも言われている．2010 年には持続可能性への貢献を最大化することを目的に国際標準化機構が ISO26000 を発行した．これを受け日本経済団体連合会（経団連）は企業行動憲章を改定し，「企業は社会や環境に与える影響が大きいことを認識し，CSR を率先して果たす必要がある」ことを企業行動憲章の序文に明記している．

演習問題

問 1（個別学習用）

企業のホームページから，ESG に関する開示情報や CSR 報告書・サステナブル報告書・統合報告書を検索し，企業が取り組む活動事例を取り上げ，その活動や発信された情報についてあなたの考えをまとめなさい．

問2（個別学習用）

企業の TBL（環境・社会・経済の各分野）の開示情報を参照して，あなたが解決したいと考える社会課題とその社会課題の解決に役立つビジネスモデルやアイディアを提案しなさい．

問3（グループ学習用）

本章第1節の記述を踏まえ，会計のイメージや身近にある会計について経験したことを話し合い，私たちのくらし・社会における会計の有用性について意見交換してみよう．

問4（グループ学習用）

企業における持続可能性に関する取り組みの開示情報を調べ，気づいたことを意見交換してみよう．

文献案内

伊藤邦夫（2022）『新・現代会計入門 第5版』日本経済新聞出版社

会計はビジネスの必須言語と本書の帯に書かれているように，現行の会計制度，会計の歴史や理論，直近の実務事例まで網羅し，会計をしっかり学べるテキストである．序章の最新の会計トピックス，第4章の企業のディスクロージャー，終章の新たな企業評価指標の台頭など ESG 関連の内容に注目して読んでほしい．

山根節（2001）『ビジネス・アカウンティング― MBA の会計管理』中央経済社

経営管理者が必要とする会計情報の利用方法について極めて実践的な紹介をしたテキストで，基本的な複式簿記のしくみや財務諸表の説明はなく，一般的な会計の入門書と一線を画している．ビジネススクール（MBA の大学院）で使用するレベルのテキストで財務諸表を事例に経営議論をはじめ読者に考えさせる内容だが，会計に興味をもったらトライして読んでみてほしい．

第3章

コモンズとしての農村環境

市 田 知 子

本章の課題と概要

みなさんは「農村」という言葉から何を思い浮かべるだろうか.
田んぼや畑,牧場,のどかな風景,豊かな自然,水やご飯が美味
しいなど,都会にはない良さを思い浮かべる人もいることだろう.
一方で不便,働く場所や遊ぶ場所に乏しいなど,悪い面を思い浮
かべる人もいるだろう.

「農村」とよく似た「田舎」には,「田舎暮らし」がブームにな
るにつれ,かつてのような暗いイメージはなくなってきた.むし
ろ,LOHAS(健康的で持続可能な生活様式)や国連の SDGs
(持続可能な開発目標)に適合した,時代の最先端を行くライフ
スタイルと捉える向きもある.

「農村」(用語解説を参照)を厳密に定義することはできない.
だが,誰もが何かしら思い浮かべる「農村」は確かに存在し,そ
れは食料を生産する農業以外にも,社会にとってなくてはならな
い役割を果たしている.本章では,まず「農村」の「むら」には
本来,どのような資源があり,それらがどのように守られている
のかを示す.そして「むらの資源」の総体を「農村環境」と呼ぶ.
さらに,その農村環境をコモンズ(社会的共通資本)という概念

61

でとらえ，コモンズとしての農村環境を守るための方策にはどのようなものがあるのかを事例から学ぶ．

1. 農村環境とは何か

(1) 農業生産と生活の個別化

第2次世界大戦後，日本の農業は急速に近代化を遂げ，それとともに農村の生活や農村社会も大きく変わった．最も変わった点は，かつては共同で行われてきたことが個別に行われるようになったこと，すなわち個別化である．

たとえば稲作の場合，1960年代から70年代にかけての高度経済成長期を境にして，それまでは集落，言い換えれば「むら」の農家が総出で行っていた田植えや稲刈りの作業が，個々の農家による機械での作業に置き換わった．まずは耕運機，バインダーのような小型機械，次にトラクター，田植機，コンバインのような大型機械を農家単位で保有するようになり，次第に経済的負担が増していった．

農作業の個別化と軌を一にして，生活の個別化も進んだ．かつて田植えや稲刈りのような農繁期には，女性たちが協力して共同炊事や共同保育を行っていたが，農作業の個別化とともに家事や育児も個別化していった．また，家普請，屋根普請などの大工仕事の際も隣近所で互いに手伝っていたが，農村の家屋にもトタン，合板，プラスチックなどの「新建材」が使われるようになるとそれらも廃れた．

総じて，高度経済成長期前の日本の農村には，結（ゆい）や手間替えといって，繁忙期に隣近所で助け合う習慣があった．現在

のように物が豊富にあったわけでもなく，便利でもなかったが，それゆえ限られた食料や資源を分け合い，労力を融通し合うのが当たり前であった．

　現在の日本では物が溢れ，一見，豊かにはなったものの，偏在し，利用されずに放置されたり，廃棄されたりしている．農村も例外ではない．農業も生活も個別化することにより，物の利用が基本的に所有者個人に委ねられているからである．

(2) むら＝農業集落とは

　さて，日本の農村には集落という，一定の地理的領域と家の集団（社会的領域）から成る社会単位がある．家の集団，すなわち村（むら）に住む人々は血縁や親戚関係，地縁で結びつき，かつては農作業や冠婚葬祭も一緒に行っていた．村は部落とも呼ばれる．

　1970 年，この部落の実態を農林省（当時）は世界農林業センサス（以下，センサスと略記）という全国調査によって把握しようとした．背景には高度経済成長による過疎化，高齢化，共同作業の減少，それに対処するために講じられた各種の農業農村整備事業，さらにコメの生産調整（減反）のための合意形成の必要性があった．

　ただし，1970 年センサスでは，村や部落ではなく，あえて「農業集落」という言葉を使った．「農業集落」には，村や部落のような「人の集まり」という意味と「土地の集まり」という意味が含まれている．村や部落が作られるためには拠って立つ土地が必要であり，そのことを意識している（農林省統計調査部（1972）『1970 年世界農林業センサス農業集落調査報告書』参照）．つまり，

「農業集落」は，家や村という社会的領域であると同時に，固有の地理的範囲（領域）でもある．

村と村との境界にはたいてい川や峠があったり，道標も兼ねる庚申塔が設けられたりして，現在もその名残がある．また，農地や山林の場合は所有権が設定されている．だが，1970 年当時から，そのようにわかりやすい境界がすべてにあったわけではない．渡辺兵力（1978：p. 25）[1]によれば，調査によって認定された都府県 13 万 5 千余の「農業集落」のうち，約 8 割に固有の領域が確認され，その大半である農村地域における行政的諸活動の末端組織として機能している社会集団であることが確認された．

このようにして，「農業集落」は 1970 年以降，主として農林水産省のセンサスによってその実態が把握されてきた．最新の2020 年センサスによると，全国には 138,243 の「農業集落」があり，北海道を除く都府県のみでは 131,177 を数える．数だけを見ると 1970 年からさほど減っていないようだが，山間地を中心に世帯数や人口が大幅に減り，存続が危うい集落が増加傾向にある．

(3) 「むらの資源」の存在意義

本章でいう「むら」は，政策上の用語である「農業集落」とほぼ同じものを指している．むらの形態は地域や歴史によってもさまざまであるが，図 3-1 のように模式図的に示せば，ノラ（田と畑），ハラ（草地），ヤマ（里山），ダケ（奥山）と続く同心円状をなす空間である．そこには，川やイケ（溜池）を含めて農業や生活のための資源（むらの資源）があり，その資源利用のための

1）　渡辺兵力（1978）「村落の理解」渡辺兵力編著『農業集落論』龍渓書舎：pp. 13-50.

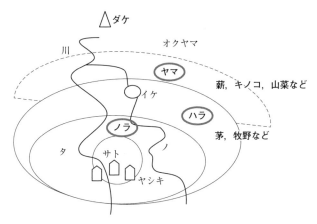

資料：池上（2007：p. 15）[2].

図 3-1 むらの空間と資源

ルール，共同作業（むら仕事）が定められていた．

　だが，前述のように高度経済成長期を境に，農業も生活も個別化し，「むらの資源」も共同作業も不要になっていく．たとえば，図 3-1 に示すハラには，屋根葺きの材料を得るための茅場があり，牛馬の餌となる草も生えていた．それらをむらの農家が平等に利用できるように，共同で管理されていた．だが，茅葺屋根はトタンや瓦の屋根に代わり，自給飼料は外国産の乾草または配合飼料に代わった．

　ハラの共同作業として現在も残っているものの1つに野焼きがある．野焼きは春先の芽吹きの前に，地表を覆っている枯草や枯

2)　池上甲一（2007）「むらにとっての資源とは」日本村落研究学会編・池上甲一責任編集『むらの資源を研究する　フィールドからの発想』農山漁村文化会：pp. 14-26.

れ枝を燃やし，雑草や虫を発生しにくくし，草が丈夫に育つように
するための作業である．本来，ハラを利用している地元の畜産
農家，消防団などが集まって火を入れ，消火活動まで行う一連の
作業であるが，高齢化や人手不足により，地元以外からボランティ
アを募っているところもある．

ここで，なぜ外部から加勢までしてハラの資源を守らなければ
ならないのか，という疑問がわくことだろう．現在，残されてい
るハラのほとんどは茅場ではなく，牧草地や放牧地ではあるが，
さりとて放牧や自給飼料の給餌をする代わりに，舎飼いにして外
国産の乾草を給餌するという方法もある．その方が効率的ではな
いかと．だが，そうすると，ハラは荒れ果て，景観が損なわれる
ことになる．牛馬が草をはむ光景も見られなくなる．秋の風物詩
であるススキなど，ハラ固有の植生は消滅し，動植物は生息域を
失い，いなくなる．

かつて，畜産農家の共同作業によって資源として守られてきた
ハラの景観や生態系に現在なお固有の価値を認め，守ろうとする
のであれば，そこにはまず守ろうとする主体が必要になる．主体
は減り続ける農家だけでは担いきれず，農家以外の住民，都市住
民や消費者が担う場面も出てきた．

同様のことはノラの資源やヤマの資源にも当てはまる．たとえ
ばノラの資源である農業用水は，本来，コメの生産のために利用
され，管理されているものである．だが，コメの消費量は減り続
け，全国的に価格が低迷するなかで，とくに小規模なコメ農家は
経営を続けるのが難しくなっている．

一方で，水田はコメの生産以外にも水源涵養，土砂崩れ防止，
水田固有の景観や野生生物の生息域の機能を果たしている．雪深

い所では，除雪した雪の置き場にもなっている．それらの機能のためにも農業用水の管理や利用は欠かせず，農家が減り続けるなかで，実は様々な恩恵を受けている非農家，都市住民，消費者も管理のための活動に加わることが必要とされているのである．

これまで述べてきたことをまとめると，高度経済成長期より前，「むらの資源」は農業生産に付随して必然的に守られてきた．その際，むらの農家による共同作業（むら仕事）が常であった．だが，農業生産が縮小するにつれ，「むらの資源」にはかつてとは異なる価値を見出し，かつてとは異なる手法で守ることが求められている．

そして，ノラ，ハラ，ヤマそれぞれにある「むらの資源」は相互に関連している．ノラの農業用水の水源はヤマやダケの森林が健全に保たれてこそ維持できる．このように個々の「むらの資源」を，それらの相互関係とともに総体として捉えたものを「農村環境」という言葉で言い表そう．次の2では，この農村環境をさらにコモンズ（社会的共通資本）として捉えて考えることにする．

2. コモンズとしての農村環境

「農村環境」はもともと農林水産省の政策上，用いられた言葉である．2008年，同省で農業農村整備事業（農業土木事業）を担当する農村振興局が中心になって，それまでのような生産性向上を第一とする政策から，環境保全型農業，地球温暖化防止，生物多様性維持を意識した政策に転換することを表明した．その背景として以下のような認識があった．

「農業農村整備が担う農村環境保全は，農業集落や土地改良区などによる集団的な取組や，ため池や水路など公共施設を活用した取組を主たる対象とするものである．しかしながら，今や農業者の営農活動による私的な取組も一体とならなければ農村環境の保全は困難な状況にあり，共的・公的範囲と一体的な私的範囲も農村環境保全の対象として捉える必要がある．（中略）近年では，

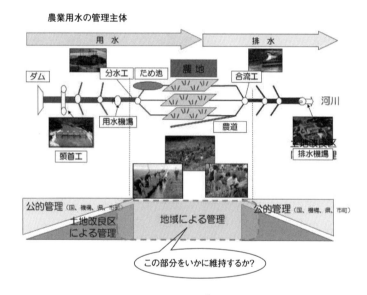

資料：農村環境の保全に関する研究会配布資料3)に加筆.

図 3-2　農業用水の管理主体

3）　農村環境の保全に関する研究会（2008）『農村環境の保全に関する研究会中間とりまとめ』（平成 20 年 9 月）ほか同研究会資料（https://www.maff.go.jp/j/study/noukan_hozen/pdf/data2.pdf）

農地・農業用水等の地域資源や農村環境の保全活動を持続的なものとするため，農村環境から得られる便益を地域全体で守り享受するという視点で，これらの活動に地域住民の参加を促す取組が始められている」（農村環境の保全に関する研究会（2008）：p. 8）．

2008年当時，食料・農業・農村基本法（1999年）が施行されてから9年が経過し，その基本法の柱として「多面的機能の発揮」（第3条）や「農業の持続的発展」（第4条）が据えられていた．そして，図3-2に示すように，農業用水の維持管理には依然として地域レベルでの活動が必要とされていたにもかかわらず，その担い手や組織をどのように確保するかが課題となっていた．

前述のように，ノラにせよハラにせよ，「むらの資源」は農家以外の人々をも巻き込まないと守ることが難しくなっている．そして，農地は基本的に私有財産ではあるが，実際上，近隣の農家や住民とともに用いる農業用水や農道とつながっているため，「むらの資源」と一体的なものである．

ここで近代化以前の社会について考えてみよう．近代社会とは，すなわち私的所有権が確立している社会のことである．近代社会において個人の所有権は基本的に国や法律によって保障されている．一方，近代化以前も私的所有（私有）や公的所有（公有）はあったものの，必ずしも明確ではなく，また，私有でも公有でもない，部落の所有地（共有地）が世界各地に多く存在していた．日本の入会地もその1つである．これらを総称してコモンズという．コモンズの多くは近代化により私有地または公有地となり，それまでの慣習が通用しなくなり，近代法の規制を受けるようになった．だが，今なお残されているコモンズもあり，注目されている．

このコモンズとほぼ同じ概念に社会的共通資本（Social Overhead Capital）というものがある．提唱した宇沢弘文氏の著書『社会的共通資本』によれば，社会的共通資本は私的資本と異なり，社会全体にとっての共通の財産として，社会的に管理，運営されるものの総称である．社会的共通資本は大きくは自然環境，社会的インフラストラクチャー，制度資本の3つに分かれ，それぞれに表3-1に示すものが含まれる．

表3-1には含まれないが，同書の後段には「社会的共通資本としての農村」という一節があり，農村も社会的共通資本として捉えていることがわかる（宇沢弘文（2000）『社会的共通資本』：pp.63-65）．農業は工業と異なり，自然を大きく改変することなく，自然に生存する生物との直接的な関わりを通じて生産を行うという基本的な性格をもつ．そして，農村の規模がある程度，安定的な水準，人口比率でいえば20%程度に維持されることにより，社会全体が安定すると説く．そのためには，人口の約20%が農村に定住して，農業に従事するということを自ら選択するような誘因がつくり出されなければならず，さらにそのためには農村での生活を魅力的なものとすることが必要になるという．それゆえ，農村は社会的共通資本であり，コモンズなのである．

次の3では，コモンズとしての農村環境を，ノラ，ハラ，ヤマ

表3-1　社会的共通資本の分類

自然環境	土地，大気，土壌，水，森林，河川，海洋
社会的インフラストラクチャー	道路，上下水道，公共的な交通機関，電力，通信施設
制度資本	教育，医療，金融，司法，行政

資料：宇沢（2000：p.22）をもとに筆者作成．

それぞれについて事例を挙げて，具体的にどのようにして守られているのかを見ていこうと思う．

3. コモンズとしての農村環境をどう守るか

(1) ノラのコモンズ：農業用水を「地域用水」にした事例

三重県多気郡多気町（た　き　ちょう）旧勢和村（せい　わ　むら）は同県の中央部に位置する．旧勢和村の7割は山林が占め中山間農業地域である．農業用水は，同町を東西に流れる串田川から引いた立梅用水（たちばい）といい，200年もの歴史を有し，全長30kmに及ぶ．戦後は県営事業による用水路のコンクリート化，隧道（ずいどう）の建設が行われてきたが，一方で兼業化，混住化が進み，歴史的な価値も顧みられなくなっていた．生活雑排水による水質悪化，ゴミの投棄，用水周辺に雑草が繁茂する状態を見るに見かねた，受益地域である丹生（にう）の区長が1995年頃，住民に呼びかけて周辺にアジサイの挿し木を定植した．このアジサイの植栽活動を契機に土地改良区（水土里ネット）（用語解説を参照）と地域住民が協力するようになり，用水に対する関心が高まり，2007年からは農林水産省の農地・水・環境保全対策事業の補助を受け，以来，防災，小水力発電など「地域用水」として幅広い活動に発展している．アジサイは1万本以上が植栽され，最盛期には地域外からも大勢の人が訪れるようになった．

(2) ハラのコモンズ：入会放牧地を復活させた事例

まず，歴史的背景として，明治初期から終戦後にかけて，北東北を中心に牧野（ぼく　や）組合長（多くは牛地主）が国との話し合いにより，国有林野の一部を入会放牧地として無償または安価に利用すると

いう慣例があった．1951年の国有林野法施行により共有林野が規定され，地元農民に対する国との契約の義務づけ，境界の厳格化がなされた[4]．このような歴史的背景の下，岩手県岩泉町安家森（あっか もり）では，明治期から放牧入会地として日本短角牛を放牧してきた．戦後，同地には国有林の放牧共用林野が設定され，放牧が続けられてきたが，牛肉輸入自由化の影響もあり1992年に中止され，その後，ササや低木が繁茂し荒れてしまっていた．かつてのようにノシバが広がる景観を取り戻そうと2000年，地域住民，盛岡市民が中心となって「林間放牧サポーター」制度を開始し，さらに市民団体「安家森の会」を結成して，約13haでの短角牛の放牧の継続を支えている．サポーター約130名は年会費8,000円を納め，放牧看視や牛の運搬費用を負担し，時には放牧地整備の手伝いもする代わりに，牛の山上げ・山下げの見学や，年に1回，短角牛の肉が届けられるなどの特典を得ている[5]．

(3) ヤマのコモンズ：町有林で新校舎を建てた事例

栃木県芳賀郡茂木町（もてぎまち）は同県東部の八溝山系（やみぞさんけい）に位置し，林野が3分の2を占める中山間農業地域である．同町南部の旧逆川村（さかがわ）にはかつて150haの村有林があり，1912年から全戸出役により杉，ヒノキの苗木65万本の植林と管理が行われ，木材は小学校などの建築に用いられていた．戦後は村の財産区として管理されてき

---

4) 小野寺三夫（1959）「国有林野政策と短角牛飼育－岩手県岩泉町安家の調査事例－」『岩手大学学芸学部研究年報』14(1)：pp. 103-114 を参照．

5) 松木洋一（2011）「最近の牧野組合の入会的利用の動向と経営再建(2)～市民パートナーシップ入会権」論の検討～」『畜産の研究』65(10)：pp. 1076-1082.

たが，林業の衰退，住民の高齢化による資金難から 2000 年 1 月，町有林となった．2004 年頃，町立の茂木中学校の校舎が耐震基準を満たさないことから，新校舎の建設計画が浮上し，さらに町長の発案から町有林約 36ha の上層間伐により内装を木質化した校舎を建てることになった．2005 年に伐採を始め，2007 年 6 月から 2008 年 12 月にかけて，外装には耐火素材のガルバリウム鋼板，内装には伐採した杉，ヒノキを用いて新校舎の建設が行われた．総工費は 20 億円，うち文部科学省等からの補助金が 15 億円であった．この事例で注目すべきなのは，地元産の木材を利用しただけではなく，伐採作業は地元の芳賀郡森林組合に，建設工事は地元工務店，建設会社にそれぞれ発注することにより，地域の雇用創出を促したことである．加えて，木材加工の過程で生じた不要雑木は販売して収益に，おが粉や端材は町内の有機質リサイクル施設（美土里館）で堆肥の原料にし，丸太材の樹皮は山に戻して肥料にした．また，同中学の生徒たちは床板の清掃に際して地元産の米ぬか，エゴマ油を使用し，木材の特質や自然素材について学んでいる．

4．コモンズと SDGs

本章では，農村の社会単位であるむら（農業集落）を基点にして，「むらの資源」，その総体である農村環境を，社会全体の共有財産，すなわちコモンズとして捉え，その意義について考えてみた．言うならば，たとえ都会で暮らしていても，どこかで農村の恩恵に浴している．2011 年の東日本大震災や福島第一原発事故の後，多くの人々が思い知らされたように，食料にせよエネルギ

ーにせよ都市住民は農村の住民やコモンズのおかげで暮らしていることを忘れてはならないだろう.

　最後に,コモンズや農村環境が本書の中心的なテーマであるSDGs(持続可能な開発目標)とどのように関連するのかを考えてみたい.SDGs は,世界が直面する課題を「経済」,「社会」,「環境」という3側面から捉え,それら3側面を統合することを前提に17のゴールを示している.つまり17ゴールの達成のためには「経済」,「社会」,「環境」のバランスと相互連携が欠かせない.

　事例として挙げたノラ・ハラ・ヤマのコモンズは,すべてSDGs の掲げるゴール13(気候変動),ゴール15(生態系・森林)と関連深い.社会全体の共有財産であるコモンズは現在,存続が危ぶまれ,そのことは気候変動緩和や,生態系・森林の維持を阻害しうる.

　たとえば,ノラのコモンズである農業用水の場合,水田農業地域では一般的に高齢化や担い手不足によって農業用水の維持管理すら難しくなっているため,国が多面的機能支払交付金という政策によって,農業用水の改修や「長寿命化」を図っている.立梅用水のように住民自らが農業用水の歴史的価値,景観維持,生物多様性など,コメ生産以外の機能の重要性を見出して活動している所は少数である.そこでは,農業用水の歴史的価値を保った状態で維持管理し,後世に残すことについて,住民の合意形成がなされている.農業用水のもたらす「環境」の価値を地域の「社会」が共有し,それを国や自治体の「経済」的な支援が支えているのである.

　ハラのコモンズである入会放牧地の場合も,全国的にはノラの

コモンズ同様，担い手の高齢化と減少により存続が危うくなっている．事例の安家においても，経営上の困難からいったん放牧自体が中止され，荒れ果てていたにもかかわらず，ノシバの広がる景観を取り戻すべく地域住民が立ち上がった．そして，山間地や傾斜地での飼育に適している日本短角牛の肉は，黒毛和牛等の肉に比べ低脂肪で健康的であるという特質を活かし，現在では首都圏の生活協同組合にも販売を拡大している．一度は消えかけた入会放牧地という「環境」の価値を，地域の「社会」が再認識し，復活させ，それをサポーターの会費収入や短角牛の販売収入が「経済」的に支えていると見ることができる．

　さらにヤマのコモンズである町有林は，所有者である自治体の財政的事情により間伐等の手入れが行き届かなくなっている．茂木町の町有林の場合も，戦後，植林され，伐採期を迎えた杉，ヒノキが長年，放置されていたが，町長の発案により中学校の新築のために間伐し，利用することにした．同町ではその後も図書館の新築に際して間伐材を用いている．町が主導している点で，また国からの多額の補助金があってこそ実現したという点でノラやハラのコモンズの例とは異なるとはいえ，町有林が本来的に有する「環境」の価値を，教育というサービス（あるいはコモンズ）の提供を通じて「社会」に還元した好事例として見ることができるだろう．

用語解説

「農村」の定義：『広辞苑（第六版）』で「農村」を引くと，「住民の多くが農業を生業としている村落」と書かれている．だが実際，日本の農村では住民の大半が農業以外の仕事に従事している．OECD

（経済協力開発機構）による地域分類では，市町村レベルの人口密度が150人/km^{2}以下の場合，農村であるとされているが，日本は全体として人口密度が高いので500人/km^{2}以下を農村としている．また，日本の「都市計画区域」は，人口密度4,000人/km^{2}以上の人口集中区域（DID区域）のまとまりを多く含む所であり，それ以外の所は人口密度が低く，農地や山林の比率が高い「農村」ということになる．農村とは，土地や水の農業的な利用が存在し，農業生産と生活が一体となり，二次的自然が形成されている所であり，多様な住民構造のもとで農業生産が継続して行われている場と捉えられるだろう．

土地改良区：戦後，農地改革により創出された自作農には，農地の所有権に加え，農業用水などの水利施設を改変する事業（土地改良事業）を行う権利が認められた．土地改良区とは，土地改良事業を行う権利をもつ農業者の発意により都道府県知事の認可を得て設立される団体のことである（土地改良法第5条）．水土里ネットともいう．農業者は組合員として土地改良区に加入し，土地改良事業の費用は組合員が負担する．前述の立梅用水のように江戸時代から続く農業用水の場合，農家の集団である水利組合が母体となっている．一方で，土地改良区の統廃合や組合員の減少により，農業用水の維持管理ですら手が回らなくなり，町内会やPTAなどが携わっている地域もある．現在，農業用水は防火用水，動植物の生息域，また小水力発電にも利用されており，土地改良区の役割は多岐にわたっている．

演習問題

問1（個別学習用）

あなたにとって「農村」とはどのような存在だろうか．農村出身かそうでないかにかかわらず，「農村」についてイメージするもの，思いつく事柄をできるだけ多く挙げてみよう．

問 2（個別学習用）

高度成長期以降，農業生産や生活の個別化がなぜ進んだのか，個別化によって得られたこと，失われたことをそれぞれ考えてみよう．

問 3（グループ学習用）

事例として挙げたノラ，ハラ，ヤマのコモンズのなかから，最も興味をもったものを選び，その事例のどのような点が優れていると思うか，さらにどのようなことを知りたいか，疑問に思ったかを話し合ってみよう．

問 4（グループ学習用）

社会的共通資本としての農村には，どのような役割が期待されるだろうか．また，その役割は農村以外の社会的共通資本（都市，医療，教育等）で代替できないのかどうか，考えてみよう．

文献案内

宇沢弘文（2000）『社会的共通資本』岩波書店

ゆたかな社会を実現するための経済体制とは何か．近代経済学の泰斗である著者が唱える社会的共通資本とは，資本主義経済の限界を踏まえた上で，一人一人の人間的な尊厳を守り，市民の基本的な権利を維持するために不可欠な社会的装置である．とくに日本について，農業と農村，都市，学校教育，医療，金融制度，地球環境という 6 つの項目に 1 章ずつを充て，それぞれの現状と，社会的共通資本としてあるべき姿を説く．「第 2 章 農業と農村」では，著者自身，学生時代に多くの農村出身の友人からよい影響を受け，後の人生につながったという個人的体験について記されている．

藻谷浩介・NHK 広島取材班（2013）『里山資本主義』角川書店

経済アナリストである藻谷氏が NHK 広島取材班とともに行った取材に基づく著書である．1990 年代初めから木質バイオマスによる発電を手掛け，成功している岡山県真庭市のほか，地域資源を利用し，循環型経済，エネルギー自給，地域内雇用を実現している各地の事例をわかりやすく紹介している．金融資本に基づく「マネー資

本主義」から決別し，一見，金儲けとは無縁の「里山」を「資本主義」に結びつけたところが斬新であり，話題を呼んだ．

第4章

エシカル消費を楽しんでもらう3つの方法
―共感・互恵性・経験―

岡　通　太　郎

本章の課題と概要

　本書の読者であればエシカル消費という言葉を聞いたことがあるかもしれない．例えば，風力で織ったハンカチや，アフリカの生産者を支援するチョコレートのような，環境や社会に配慮した商品を消費することである．比較的新しい用語であるが，SDGsへの注目が高まるにつれ，日本政府も普及に乗り出している．難しいのは経済との両立で，こうした商品は，比較的価格が高いことが多い．我慢して高い商品を購入してもらうとなると，消費意欲はどうしても弱まり，結果として経済の停滞を招きかねない．経済も含めて持続的な未来を実現するためには，実は我慢ではなく，逆にエシカル消費を楽しんでもらい，その消費欲を刺激していく必要がある．

　そこで皆さんには，本章を読み進めるうえで2つの疑問を頭に浮かべて欲しい．1つは人間の欲についてである．人間は本当にエシカル消費を自ら欲し，それを楽しめる生き物なのだろうか．人間は自分が一番かわいいとよく言われるし，経済学が想定している人間も，利己的に行動するとされている．読者の皆さんの中にも，人間はしょせん欲深い生き物で，自分のことしか考えない

と思っている方もおられよう．一方で人は「他人のために何かを
しようとすることがある」（本書序章）ともいう．利己的な人間
が，なぜ環境や社会のための消費を楽しめるのか．それはどんな
時なのか．利己的な人間が仕方なくではなく，社会や環境のため
に，楽しんでエシカル消費をするようになるためのポイントを探っ
てみよう．

　2つ目の疑問は，そのポイントを踏まえたうえで，ではどうす
ればそれが達成されるかである．本章では，その具体的な方法を
3つに分けて考えてみたいと思う．キーワードは共感，互恵性，
そして経験である．どれもすぐにはイメージがわかないと思うが，
丁寧に説明をしたい．マーケティングに通じる方法になるので，
皆さんには具体的な商品や売り場をイメージして，どんな方法な
のか考えながら読み進んで欲しい．

1.　エシカル消費と楽しみ

(1)　共感の重要性

　エシカル消費という言葉は1989年頃から英国などで使われ始
め，日本でも2015年3月に消費者基本計画に基づき，「倫理的消
費」調査研究会（以下，研究会）が開催されている．消費者庁で
は，倫理的消費とエシカル消費という2つの用語を使用している
が，その定義は「地域の活性化や雇用なども含む，人や社会・環
境に配慮した消費行動」であり，どちらも同義に扱っている．そ
のうえで研究会の山本良一座長は，エシカル消費を「市民の『倫
理』に基づく自発的な消費」であるとし，その自発性も指摘して
いる．ただし先述したように，人間は我慢が苦手である．そうし

た人間が自発的に人や社会・環境に配慮した消費行動を行うためには，エシカル消費のなかに，何らかの楽しみを感じる必要があろう．人や社会のために行動することで，自らの満足が高まる．こうした状態を作り出す工夫が大切となる．

　研究会もその報告書において，「より良い社会に向けた貢献ができることに価値を見出す消費者であれば，多少コストが高くても倫理的な商品を選択することで自らの満足度を高めることができる」とし，その可能性を指摘している．もちろん現状では，それが十分に実現しているとは言えない．そこで研究会は，「求められる推進方策の方向性」として，以下のように共感の重要性を指摘している．少々長いが引用してみよう．

　「倫理的消費の言葉は硬いイメージを与えてしまうおそれがあるが，分かりやすく説明し，その考え方に人々が共感，納得できれば，人々の中でハードルが下がり，実際の行動も広がることが考えられる．（中略）例えば，どの程度の価格差であれば，またどのようなマーケティングであれば倫理的（エシカル）な消費を行うのか，など，消費者にとっての動機付けについて議論を深めていく必要がある」．

　このように，研究会は消費者が我慢ではなく，自ら満足してエシカル消費を行う可能性について言及し，それには共感をはじめとする動機付けがポイントとなることを示唆している．

(2) もうひとつの快楽主義

　エシカル消費の楽しさについて，イギリスの哲学者ケイト・ソパーの「もうひとつの快楽主義（alternative hedonism）」も参考にしてみたい．哲学と聞くと難しく感じるかもしれないが，この

考え方を知ることで，今後皆さんがいろいろなアイデアを考えるうえで役に立つはずである．

ソパーの視点の特徴は，エシカル消費を我慢ではなく，自己利益の追求として理解する点にある．例えば，友人の結婚式に参列するためのネックレスを選んでいる．価格もデザインもどちらも同じであるが，一方のダイヤモンドの方が少し大きい．もう一方は少し小さいが，児童労働をしていないという認証が付いている．ここで後者の倫理性に共感し，認証付きのネックレスを選んだ場合，これは我慢して選んだと言えるだろうか．大きいダイヤモンドを諦めるという意味で，確かに禁欲的にみえる．しかしソパーは，そうした商品を選択することには「固有の楽しみ（intrinsic pleasure）」があり，必ずしも禁欲とはいえないという．

その楽しみについて，ソパー研究者でもある畑山[1]の整理を紹介しておこう．そこには大まかに2つの楽しみがある．1つは，人間には環境破壊や社会的搾取といった正義に反する行為に加担したくないという欲求があり，それを避けられた時に一種のうれしさや楽しさを感じるというものである．もう1つは，人間には消費を通じて他者からの評価を高めたいという欲求があり，それを満たすという楽しみである．例えばフェアトレードのコーヒーを飲む理由には，それが美味しいからだけでなく，誰がどのように生産したかという正義への欲求や，誰に見られているかといった評価の欲求が含まれているのである．

正義に関わる楽しみも，評価に関する楽しみも，広い意味では社会的な文脈に依存する．つまり自分と社会の関係性のとらえ方

---

1) 畑山要介（2020）「倫理的消費ともうひとつの快楽主義－K.ソパーによる消費主義批判の刷新－」『経済社会学会年報』42：pp. 55-65.

次第で，エシカル消費に対する欲求は増減する．例えば，自分と生産地との関係性について考えたこともない消費者でも，何らかのきっかけで共通点を見つけたり共感したりすれば，消費を通じて貢献したいと思うようになる可能性はある．また仲の良い友達の多くがエシカル消費を始めたことを知れば，自分も始めてみたい（あるいは自分だけやらないのは恥ずかしい）と思うかもしれない．

　このようにソパーは，エシカル消費に含まれる社会的欲求を満たす楽しみに注目し，そうした欲求と楽しみへの出会い方の再発見がポイントとなると主張している．よって次節からは，その出会い方について，脳科学やゲーム理論，さらには行動経済学の成果を借りながら考えていく．

2.　エシカル消費を楽しんでもらう方法

　前節ではエシカル消費に付随する楽しみについて，共感や正義感，また周囲からの評価が重要であることをみてきた．ここではそれらを踏まえ，エシカル消費を楽しんでもらうための3つの方法を検討していく．1つ目はエシカル商品への共感と正義感である．ここでは，共感が発生する脳内の仕組みについて概観し，共感と正義感がいかにエシカル消費の楽しみにつながるかという点について論じる．2つ目は互恵性の認知である．エシカル消費をすることで他者から良い評価を受け，結果的にそれが自らの利益にもなる．そのことを認知させることで，エシカル消費を楽しんでもらうという方法である．ゲーム理論なども援用しながら論じていく．

これら2つの方法はどちらの場合も，エシカル消費の楽しさを，購入前に予測してもらう方法である．しかしエシカル消費は，実は購入前ではなく，購入後になって初めてその魅力を感じる場合も多いようである．そこで3つ目は，エシカル消費の楽しさを未だ感じていない消費者に対し，まずは経験してもらうという方法を考えてみたい．エシカル消費の弱点の1つは，価格の高さである．その価格の高さを必要以上に意識させないような売り方の工夫をすれば，一旦は購入してくれる人も増えるであろう．そうすればエシカル消費を経験し，その楽しさを感じる消費者が増え，次回以降の購入につながる．こうした可能性について，近年注目されている行動経済学を応用しながら論じてみたい．

(1) 共感してもらう

エシカル消費における共感の有効性については，玉置了 (2015)「消費者の共感性が倫理的消費にもたらす影響」(『商経学叢』61(3)：pp.181-194) など多くの論文で指摘され始めている．神経経済学の分野でもポール・J・ザック (2012)『経済は「競争」では繁栄しない』(柴田裕之訳，ダイヤモンド社) は，共感している人の脳内でオキシトシンという「愛情ホルモン」が多く分泌されていることを確認し，それが向社会的な（社会にとって望ましい）行動をとりやすくさせていることを実証している．

一般に，共感には情動的なものと認知的なものがある．前者は簡単に言えば無意識の共感で，目の前の人が楽しそうに笑っていれば自分も反射的に楽しい気分になることや，叩かれている人を見ると瞬間的に自分も痛みを感じたような状態になるという共感である．これには，ミラーニューロンという脳内の神経細胞が強

く作用している．後者は，認知を通じた共感で，より論理的な理解に基づいた共感である．例えば農薬の利用がどれほどの環境・人的破壊をもたらし，それを回避しようとしている人たちはどのような苦労をしているのか等を，ロジカルに説明された時の共感である．ジャン・デセティ，ウィリアム・アイクス編（2016）『共感の社会神経科学』（岡田顕宏訳，勁草書房）では，一般に，向社会的な行動を促す共感は，情動と認知の双方のバランスが大切だとされている．

　これらを踏まえ，消費者に共感してもらう具体的な方法を考えてみよう．例えばインド産のオーガニック認証コットン（様々な認証があるが，ここでは農薬問題や児童労働などの幅広い問題の解決を目指す認証コットンとする：以下 OC）を使った商品の魅力を消費者に伝える際に，文字情報のみで認知的に伝える場合と，文字情報は多少減っても生産者の笑顔や苦悩の表情と共に情動的な情報も伝える場合を比べると，後者の方がより共感を呼び，エシカル消費に対する欲求が高くなることが考えられる．

　また，共感をもたらすホルモンであるオキシトシンの分泌は，子育て中や他者に信頼された時に多くなるという実験結果もある．これも踏まえて考えると，上記の情報を与えつつ，子供の声や映像で「あなたなら守ってくれるはず．大地の未来と私たちの笑顔を」というようなメッセージを加えることも有効かもしれない．

　こうした効果は，認知的不協和を解消したいという動機とも関係している．共感したことにより，「もし農薬漬けのインドの畑で働いている子供たちが自分の子供達であったら」という想像（視点取得）がしやすくなる．そして，そうした事態は到底容認できず，正義に反するという認知もされる．この時に，もし自分

がOCを買わないという選択をするならば，自分があるべきと考えている状態とは違う結果をもたらす行動を自分がしているという認知的な不協和が生じる．もし自分のOC購入によってこの不協和を回避し，正義に貢献できるのであれば，消費者はその行為を自発的に楽しめるであろう．

(2) 互恵性を認知してもらう

次に互恵性の認知という方法を考えてみよう．ここでは，前項のような共感は必ずしも必要はない．ここで必要なのは，エシカル消費をすることによって得られる互恵的側面，つまり自分にも見返りがあるということの認知である．人や社会・環境に配慮することが自分のメリットにもなるということを理解し，それを動機としてエシカル消費を楽しんでもらうという方法である．

まず，エシカル消費をすることの直接的な見返りを考えてみよう．例えば，ポイント付与や値引きという見返りがあると，エシカル消費に対して気持ちが動くだろう．こうした直接的な見返りは，金額として可視化されやすく，即時的だからである．しかし，多くのエシカル商品はコストが高く，そのため，こうした方法を恒常的に用いることには限界があろう．

そこで，もう少し間接的な見返り（間接互恵性）を考えてみよう．例えば，エシカル消費をすることで，他者から良い人だと評価されれば，それは本人のメリットになり得る．

このことを示した贈与ゲームと呼ばれる実験がある．実験では，他者に贈与を頻繁にするプレーヤーは，次回のゲームにおいて他者から贈与を受ける確率も高くなることが実証されている[2]．贈与を進んでするような気前の良い人に対しては，他の人も贈与を

してあげたくなるようだ．こうした性質が人間社会に存在するのであれば，エシカル消費を通じて，他者から良い人だと評価されれば，いずれその見返りが得られる可能性がある．つまりエシカル消費は，他者から評価されるような環境であれば，自らにとってもメリットのある行為になる．この互恵性が確信できる環境にあれば，エシカル消費は楽しいものとなるであろう．

　例えば，エシカル消費をしたことを SNS で周囲へ発信しやすくしたり，ギフト用として販売を企画したりするようにして，他者からの評価を得やすくすることが有効かもしれない．コミュニティが希薄化し，他者の行為がわかりにくくなった近代社会においては，SNS などによる新たな他者評価の仕組みが必要になろう．

　こうした互恵性を期待した贈与は，皆がそうしていることが知れ渡るほど，さらに贈与する人が増えるという性質もある．逆に，自分以外に贈与をする人があまりいないと思えば，自分も贈与をためらうであろう．お互いが協力し合い，社会全体が「高位ナッシュ均衡」（用語解説を参照）状態となるためには，他の参加者も自分と同じように協力をするという信頼が重要で，そのためには共通知識＝（Common Knowledge）が必要なのである．

　例えば夏休みにバーベキューの企画をするとしよう．参加メンバーは仲の良い友達である．あなたは企画案をみんなに紹介し，日程調整や会場の下調べなども行う．こうしたみんなのための利

2)　三留颯・白倉孝行（2018）「間接的互恵性の個別的評価モデルにおける最適戦略」Artes liberales: Bulletin of the Faculty of Humanities and Social Sciences, Iwate University= アルテスリベラレス：岩手大学人文社会科学部紀要（102）：pp. 17-24.

他行為をほかのメンバーもしっかりと認識し，買い出しや当日の運営などは他のメンバーが積極的に手伝い，結果としてあなたに負担が偏ることなく無事にみんなが楽しめるバーベキューが実現した．共通知識とは，こうしたみんなもバーベキューを積極的に楽しみかつ行動してくれるという信頼関係を生み出すものである．それは日ごろから仲が良く，お互いの気持ちや行動パターンについて何度も経験することで培われた共通の知識なのである．仮にこうした共通知識がなく，参加メンバーのことをよく知らなければ，あなたは当然不安になる．自分だけががんばっても，ほかのみんなは互恵的に行動してくれないかもしれない．この不安があるとせっかく企画を思いついても，みんなに提案する勇気は湧きづらくなる．互恵性によって促される贈与（エシカルな行動）には，他者を信頼するための共通知識が必要であり，不特定多数の一般社会でいかにそれを普及できるかが大きな課題の1つとなろう．

その試みとして，リチャード・セイラー，キャス・サンスティーン（2009）『実践行動経済学』（遠藤真美訳，日経BP）によれば，アメリカ・イリノイ州では，臓器ドナーの意思表示登録を促すために，チラシなどで「成人の87％は臓器提供を正しいことだと考えている」という情報を提示し，他の成人も提供するだろうと安心させ，高い登録者数を実現させている．他にも，例えばインターネットなどを利用して，信頼できる雰囲気を作るのも有効かもしれない．実際，コロナ渦には，有名な動画配信サイトにおいて，ステイホームの協力を促す「うちで踊ろう」という歌を歌う動画の投稿が，有名人だけでなく個人も含めて流行した．再生回数や投稿数が日に日に増えていく状況を目の当たりにし，自分以

外の多くの人がステイホームへ協力的であることを実感し，他者の協力への信頼が醸成されたのである．

　実は，こうした信頼の構築にも，先述のオキシトシンが役に立つことを付け加えておこう．オキシトシンは「信頼ホルモン」とも呼ばれるが，分泌中は他者への過度な不安を軽減させ，他者を信頼しやすくさせる機能があることが知られている．

（3）経験してもらう

　3つ目の方法として，エシカル消費によって得られるであろう満足を，消費者が予測できない場合を考えたい．ブルーノ・S・フライ（2012）『幸福度をはかる経済学』（白石小百合訳，NTT出版）によれば，商品には「本質的（intrinsic）属性」と「外面的（extrinsic）属性」があり，前者は愛情やつながりといった，やや精神的な欲求を満たす性質を指し，後者は物理的な所有といった即物的な欲求を満たす性質を指す．そして前者の性質を多く持つ商品の魅力は，それを購入する以前には過小評価されてしまう傾向にあるという．そのために，消費者が本当に幸せになる選択をできずにいるというのである．

　この分類で考えれば，エシカル消費の特徴は「人や社会・環境に配慮した消費」であり，それは前者の愛情やつながりといった「本質的属性」としての側面が強いといえよう．インドの子供達を助けるOCバッグを再び例にとれば，バッグの魅力は購入前ではなく，購入後に正確に経験されるのである．購入しさえすれば魅力が分かるのに，購入前に気が付いてもらえないのであれば，もったいない．この取りこぼしをすくうには，何か別の方法でまず買ってもらうというアプローチが必要になろう．

この点で行動経済学が役に立つ．行動経済学では，消費者は商品の価格に対して常に一定の評価をしているわけではなく，状況によって評価が変動すると考える．例えば，アンカリング効果と呼ばれるものがある．同じ1,000円の商品であっても，100円の商品の隣に陳列されるよりも，10,000円の商品の隣に陳列されるほうが，消費者は無意識的に安く感じてしまう．行動経済学では，他にもこうした消費者の認知の癖が数多く指摘されており，それらをうまく利用すれば，エシカル消費の弱点である価格の高さが気にならない状態を作り出すこともできる．一旦購入してもらうことで本来の魅力を感じてもらい，次回の購入時には前回見過ごしていた魅力を楽しむことが可能になるのである．

　ところでなぜ本質的属性に対する魅力は，購入前には過小評価されてしまうのであろうか．この点を十分に説明した研究は管見の限りないが，行動経済学等で指摘される「解釈レベル理論」と関係があろう．例えば，楽しみにしていた旅行があるとする．しかし，その前日になると急に面倒くさくなることがある．本質的に楽しいはずの旅行も，時間的に直近になると荷造りや交通費のような副次的な要素が気になり，一時的に本来の魅力が見えなくなる．これと同じように，エシカル消費も，購入の直前になると価格の高さ気になってしまい，本来の魅力を楽しむことができなくなるのかもしれない．

　いずれにしても，共感や互恵性を用いた方法だけでなく，こうした行動経済学の知見も，エシカル消費を楽しんでもらう方法として検討に値するであろう．

　最後に，こうしたエシカル消費の楽しい経験が，さらに良い経験として記憶に残りやすくする工夫について考えてみよう．良い

経験として記憶に残っていれば，次回の購入時にもエシカル消費を選択しやすくなるだろう．それはピークエンド効果の活用である．ピークエンド効果とは，人間の記憶の不確かさによって生じるバイアスの1つである．

　例えば，あなたがOCバッグを購入するという経験をし，それが良い記憶であれば，次の購入にも積極的になるだろう．逆に苦痛を伴う記憶であったなら，たとえ購入後に本質的な魅力に気が付いたとしても，再購入は控えるだろう．ただし人の記憶というものは不確かで，ピークエンド効果を用いれば，苦痛の記憶は操作されうる．ダニエル・カーネマン（2014）『ファスト＆スロー（下）』（村井章子訳，早川書房）の実験結果によると，人はある出来事の一連の流れの中で「最も苦痛が強かった時点（ピーク）」と，その「出来事が終了した時点（エンド）」の2時点の苦痛を強く記憶するという．つまり同じ苦痛を与える出来事でも，ピーク時およびエンド時の苦痛の平均が小さければ，その方が苦痛の少ない出来事として記憶されるのである．

　例えば，OCバッグの購入という出来事が次のような流れで行われたとしよう．まず①店頭まで移動する，その後②バッグのデザインを吟味し，③現地の環境や労働者の笑顔を思い浮かべ，④購入を決定し，次に⑤現地の子供からの感謝のメッセージを読み，最後に⑥支払いで一連の出来事が終わるとしよう．この時，苦痛のピークは①の移動であるとしよう．「支払い」の苦痛もかなり大きいが①よりは小さいとする．そして②〜⑤の苦痛はほぼゼロとする（図4-1：上の図）．

　さて，このとき仮に⑤と⑥の順番を入れ替え⑤の「メッセージを読む」が出来事の最後（エンド）になるように売り場の設定を

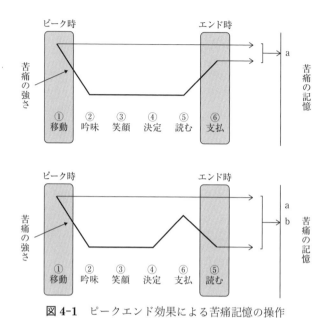

図 4-1 ピークエンド効果による苦痛記憶の操作

変更してみよう（図 4-1：下の図）．そうするとピーク時の苦痛は変わらないが，エンド時の苦痛は⑤「メッセージを読む」になりほぼゼロとなる．つまりエンド時の苦痛が小さい分，苦痛の記憶は a から b へと小さくなっているのである．理論的にはこれで次回のエシカル消費の苦痛予測を小さくすることができるのである．

3. 事例とまとめ

最後に，共感を用いた本学学生による OC バッグ販売の実験を紹介しよう[3]．実験では消費者を 2 つのグループに分け，一方に

は漢語による商品説明，もう一方には和語（大和言葉）による商品説明を行い，OC バッグへの共感に差が生じるかどうかを検証した．例えば，漢語の説明の中の「通常のコットン」という言葉は，和語の説明の中では「ふつうのコットン」と置き換えた．他には「少女」は「女の子」，「重篤な健康被害」は「ひどい体の不調」，「児童労働が行われています」は「子供たちが働かされています」のように全部で 32 カ所を変換した．説明の長さはどちらもおおよそ 90 秒である．日本語研究では，和語には心象的で解釈の幅の広さがあり，聞き手にとっては話者から信頼されている感覚が芽生えやすいことが指摘されている．実験の結果，和語のグループは漢語のグループよりも統計的な有意差をもって共感の度合い（オキシトシンの分泌量）と支払い意思額（OC バッグに支払っても良いと思う金額）が高くなることが分かった．また実験では和語による効果は男性よりも女性に対してのほうが高いことや，OC への関心や知識が少ない消費者にも有効であることも判明している．

　本章では上記の共感，互恵性の認知，経験という 3 つの方法を検討した．いずれもエシカル消費に十分な楽しみを感じていなかった消費者に対して，新たな欲求に気づいてもらい，エシカル消費を楽しんでもらう方法である（図 4-2）．これらの楽しみは感覚的で主観的なものであるが，実験によって客観的に把握することも可能になってきている．エシカル消費を楽しんでもらう方法が普及していくためには，上記の和語の事例のように，1 つひと

3）　齋藤栞菜・中本なずな・藤原菜々子（2022）「共感をもたらすプロモーション－和語を用いたエシカル消費へのアプローチ－」『明治大学農学部共生社会論研究室 2021 年度卒業論文集』.

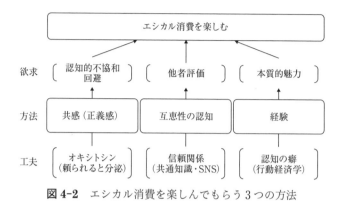

図 4-2 エシカル消費を楽しんでもらう3つの方法

つ実証的な実験を積み重ねていくことが必要であろう.

用語解説

高位ナッシュ均衡：図はゲーム理論などで用いられる利得表と呼ばれ
るものである. いま私には協力と非協力という2つの選択肢があり,
相手にも同様の選択肢がある. したがって選択の組み合わせは以下
の4つ, お互いに協力する（左上）, 私が協力して相手は非協力
（右上）, 私が非協力で相手は協力する（左下）, お互いに非協力
（右下）となる. その時のお互いの利得はボックス内に示されてい
る. 例えばお互いに協力をすればお互いに10の利得となるが, 私
が協力をしたのに相手が非協力の場合には, 相手の利得は5で私の
利得は0になってしまう. それを恐れて自分も非協力とすれば, お
互いに5の利益が確保できる.

ナッシュ均衡とは, 相手が選択を変えない限りは自分も選択を変
える必要がない（つまり, そこに留まるのが最適な）状態のことで
ある. 図では左上と右下がナッシュ均衡になっている. このように
ナッシュ均衡が複数ある場合, 利得が高いほうを高位ナッシュ均衡,
低いほうを低位ナッシュ均衡と呼ぶ. お互いが非協力に落ち着いて

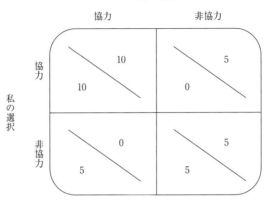

相手の選択

	協力	非協力
私の選択　協力	10　　　10	5　　　0
私の選択　非協力	0　　　5	5　　　5

しまうともう高位に移行できないことになる．相手の協力を信じることが高位ナッシュ均衡の条件であり，それゆえ信頼関係が重要なのである．

演習問題

問1（個別学習用）

　エシカル消費を楽しんでもらうために共感をしてもらうとすれば，どのような方法が考えられるか．

問2（個別学習用）

　エシカル消費を楽しんでもらうために，互恵性を理解してもらうとすれば，どのような方法が考えられるか．

問3（グループ学習用）

　人はなぜ利他行為をするのか．本章の内容を念頭に置きながら議論してみよう．

問4（グループ学習用）

　本章で挙げたエシカル消費を楽しんでもらう3つの方法のうち最も有効だと思うものはどれか，理由をあげながら議論してみよう．

文献案内

ポール・J・ザック（2012）『経済は「競争」では繁栄しない』（柴田裕之訳）ダイヤモンド社

人生に大切なのは経済か愛情か．よく聞かれる問いである．しかし本書は合理的な経済至上主義でもなく，感傷的な愛情至上主義でもなく，脳内分子であるオキシトシンの解明を通じて経済と愛情（共感）が相乗効果をもたらしながら両立するメカニズムを提示している．「利他行為」をめぐるゲーム理論や行動経済学とともに近年急速に進歩を遂げている神経経済学の大きな嚆矢となった名著．

マッテオ・モッテルリーニ（2008）『経済は感情で動く－はじめての行動経済学』（泉典子訳）紀伊國屋書店

「私たちは日々の暮らしのなかで喜び，不安，怒り，羨望，ねたみ，嫌気といったいろんな感情を体験する．」経済学は果たしてこうした「理性の邪魔をする感情」から自由でいられるのだろうか．本書は多くの優れた科学的実験結果から経済における感情のモデル化を試み，その具体的事例を丁寧に紹介している．初学者に格好の名著である．

第 2 部　食料編

第5章

飢餓の撲滅は可能か
－人類と食料－

池 上 彰 英

本章の課題と概要

　FAO（国連食糧農業機関）によれば，2021年の世界の飢餓人口は7億6,790万人（中位推計）であり，世界人口の9.8%が飢餓人口ということになる（"The State of Food Security and Nutrition in the World 2022"）．2015年に打ち出された国連「持続可能な開発目標」（SDGs）の2番目の目標（SDG2）は，2030年までに「飢餓をゼロに」（Zero Hunger）というものであるが，この目標は本当に実現可能なのであろうか．本章の第1の課題は，世界の飢餓の現状を示すことにある．

　2020年の世界の穀物生産量は29億9,614万t（穀物生産量の約90%は米，小麦，トウモロコシのいわゆる三大穀物であるが，ほかにも様々な雑穀が含まれる）である．単純に平均すれば，世界人口1人当たり382kgとなる．1日1kg余りであるが，穀物1kgをそのまま人間が食べれば，そこから得られるカロリーは2,900kcal程度になる．一方，農林水産省によれば，日本人が生活する上で最低限必要なエネルギー量（推定エネルギー必要量）は1日当たり2,168kcalにすぎない．つまり，もし世界の穀物を平等に分配することができれば，飢餓人口はゼロになるというこ

とである．本章の第 2 の課題は，世界で十分すぎるほどたくさんの穀物が生産されているのに，飢餓人口が存在することの理由を明らかにすることにある．

FAO は，1961 年以降の世界農業について詳細な統計を公表している．それによれば，1961 年の世界の穀物生産量は 8 億 7,687 万 t であった．2020 年までの 59 年間に，世界人口は 2.6 倍になったが，穀物生産量はそれをはるかに上まわる 3.4 倍になった．さらに，1961 年に 7,136 万 t であった世界の食肉生産量は 2020 年には 3 億 3,718 万 t と，じつに 4.7 倍にも増えている．つまり，人類史上最大の人口爆発期である第 2 次世界大戦後の食料供給は，人口成長を上まわるスピードで増大したのである．本章の第 3 の課題は，第 2 次世界大戦後の食料増産を可能にした要因と，そうした食料増産がもたらした負の側面を明らかにすることにある．

最後に本章の第 4 の課題は，以上を踏まえて人類が飢餓を撲滅するための方法について，皆さんと一緒に考えることにある．

1. 世界の飢餓の現状

FAO は，2017 年以降の毎年「世界の食料安全保障と栄養の現状」（"The State of Food Security and Nutrition in the World"）という報告書を公表している．2015 年までは「世界の食料不安の現状」（"The State of Food Insecurity in the World"）という名称であったが，2015 年を目標年とする MDGs（ミレニアム開発目標）の終了と，2030 年を目標年とする SDGs（持続可能な開発目標）の開始に伴い，名称を新たにして 2017 年から刊行が開始されたのである（2016 年は欠号）．

「世界の食料不安の現状」が，もっぱら食料不安つまり飢餓（栄養不足）に焦点を当てていたのに対して，「世界の食料安全保障と栄養の現状」は栄養不足（undernourishment）のみならず，栄養不良（malnutrition）にも目を向けている．栄養不足が主にカロリー供給の問題であるのに対して，栄養不良は各種栄養素の供給不足や栄養バランスをも重視した，より広い概念である．世界の栄養不良人口は，栄養不足人口よりはるかに多く，先進国においても多くの人々が栄養不良の問題を抱えている．

　FAO は毎年，過去に遡って世界の飢餓人口の推計値を公表しており，図 5-1 はその最新の数値を示したものである．なお，FAO のいう「飢餓（hunger）」とは「慢性的な栄養不足（chronic undernourishment）」のことであり，「栄養不足」とは食料から摂

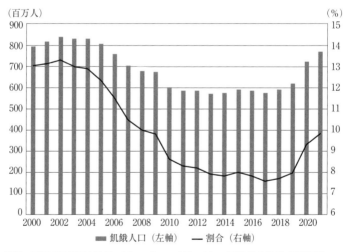

資料：FAO, FAOSTAT, Food Security and Nutrition, 2022 年 8 月 31 日更新版.

図 5-1　世界の飢餓人口の推移

取する熱量が（体重，性別等から推計される）必要最少熱量を下まわることである．日本語の「飢餓」はしばしば「飢饉」と混同されるが，「飢饉（famine）」が主に大規模な自然災害や紛争によって引き起こされる突発的な現象であるのに対して，「飢餓」は自然災害や紛争のほか，経済不振や貧困，食料価格の高騰などの原因による慢性的な栄養不足状態を表す概念である．

　新型コロナウイルス感染症の感染爆発が 2020-21 年の飢餓人口に与えた影響が十分に明らかでないため，2020 年と 2021 年の飢餓人口推計値には大きな幅が与えられている．2021 年の飢餓人口は最小で 7 億 190 万人，最大で 8 億 2,800 万人と推計されており，世界人口に占める割合は 8.9% ないし 10.5% となる．本章冒頭の 7 億 6,790 万人という数字は，この推計の中間値を示したものである．2019 年比で 8,350 万人ないし 2 億 960 万人という飢餓人口増加の原因のすべてを新型コロナウイルス感染症に帰することはできないが，同感染症が世界の飢餓人口に与えた影響がきわめて大きかったことは間違いない．

　もう 1 つ私たちが注意しなければならないのは，コロナ禍の前から飢餓人口の増大傾向が見られたという事実である．世界の飢餓人口が最も少なかったのは 2013 年の 5 億 7,070 万人であるが，2019 年には 6 億 1,840 万人まで増えている．「飢餓をゼロに」するどころか，MDGs の時代に大きく減少した飢餓人口は，SDGs の開始とともにリバウンドを開始したのである．ここでは，その原因を探る前に，地域別の飢餓人口の分布について確認しておこう．

　図 5-2 および図 5-3 によれば，飢餓人口の絶対数が最も大きいのは南アジアであるが，飢餓人口割合（総人口に占める飢餓人口

の割合）が最も高いのはサブサハラアフリカ（サハラ砂漠以南のアフリカ）である．コロナ禍の前には，世界の大部分の地域で飢餓人口の絶対数が減少しつつあったが，サブサハラアフリカの飢餓人口は 2000 年代には横ばいで，2010 年代には増加する傾向にあった．西アジアにおいても，2010 年代に飢餓人口が増えている．2020 年にはコロナ禍の影響により，すべての地域で飢餓人口が増大しているが，とくにコロナ禍の影響が大きかったのは南アジア，サブサハラアフリカ，中南米である．

　開発途上国は人口増加率が高いので，飢餓人口の絶対数が増えても，総人口に占める飢餓人口の割合が低下することがある．飢

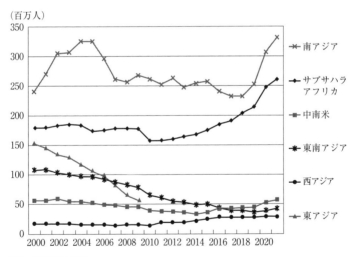

資料：図 5-1 と同じ．
注：1)　サブサハラアフリカはスーダンを含む．
　　2)　中南米はメキシコを含む．

図 5-2　地域別の飢餓人口

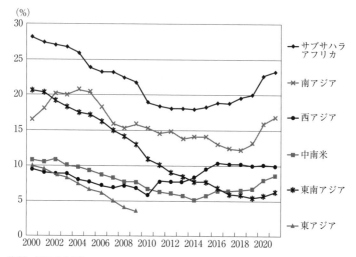

（%）

資料：図5-1と同じ．

注：飢餓人口割合が2.5％未満になるとデータは公表されない．そのため，東アジア
全体の2010年以降のデータはない．図5-2の東アジアのデータが2010年以降
ないのも，同じ理由による．

図5-3　地域別の飢餓人口割合

餓人口割合は，サブサハラアフリカにおいても2000年代には大
きく低下したが，その後は横ばいで推移し，コロナ禍により大き
く上昇した．WFP（世界食糧計画）が毎年公表しているHunger
Mapは，世界各国の飢餓人口割合を世界地図上に示したもので
あり，赤色が濃いほど飢餓人口割合が高い．最も濃く塗られてい
る国の飢餓人口率は35％以上であるが，北朝鮮，イラク，イエ
メン，ハイチなど一部の例外を除くと，ほとんどの国がサブサハ
ラアフリカに集中している．

　それでは，飢餓は，いかなる要因によって発生するのであろう
か．飢餓とは，安全で栄養価の高い食料を十分に手に入れること

ができない状態が慢性化した状態のことである．そして，現代社会において人間が十分な食料を手に入れるためには，その地域に十分な食料供給があることと，その人が十分な購買力（要はお金）を持っていることが不可欠な条件となる．供給される食料は，その地域で生産されたものでも国内外から持ち込まれたものでもよいが，単に生産がある，輸入があるというだけでは足りない．それを安定的に手に入れることができる政情の安定や，交通手段，市場などの存在も必須である．十分な食料があり，政情が安定しており，流通システムも整備されているのに，それを手に入れることができないとすれば，購買力の不足つまり貧困の問題である．開発途上国における飢餓は，生産不足や内戦による流通の途絶など様々な理由による安定的な食料供給の欠如と，国民の貧困がともに関係している場合が多い．

　FAO は「世界の食料安全保障と栄養の現状」2021 年版において，近年の飢餓人口および栄養不良人口増加の要因として，(1)国家間の戦争や内戦などの紛争，(2)気候変動と極端な気候現象の増加，(3)経済の低迷と下降，(4)健康的な食品（食事）の価格が高いこと，を指摘している．それによれば，(1)世界の飢餓人口の半分以上と発育不良の子供の 80％以上が紛争国で暮らしている．(2)猛暑，干ばつ，洪水，暴風雨のうち 3 種類以上の極端現象（特定の指標を越える極端な気候現象のこと）を経験した国の割合は，2000-04 年の 11％から 2015-20 年の 52％に増えている．(3)2011-14 年に約 2％であったサブサハラアフリカ，中南米，西アジアの 1 人当たり GDP 成長率（年率）は，2015-19 年には 0〜1％となり，2020 年には −5％となった．(4)十分なカロリーが得られるだけの食事の費用は世界平均で 1 日に 0.79 ドルであ

るが，十分な栄養が得られる食事の費用は2.33ドルであり，健康的な食事の費用は3.75ドルである．健康的な食事が取れないと，発育不良，消耗性疾患，肥満などの栄養不良状態に陥るが，先進国を含む全世界で約30億人が栄養不良の状態にある．

FAOは，以上の4つの要因に加えて，飢餓人口増加の根底にある構造的な要因として，貧困と格差の存在を指摘している．

2. 不平等な食料分配

現代世界は，市場を通じて財や生産要素が配分される市場経済社会であり，世界に十分な穀物があっても，お金のない人はそれを手に入れることはできない．その意味で，飢餓問題は貧困問題にほかならない．しかしながら，逆にお金のある人がたくさんの穀物を手に入れることができるといっても，人間の胃袋には限界があるから，そのすべてを直接自分が食べることは不可能である．

「FAOSTAT」（用語解説を参照）のFood Balancesによれば，2019年に全世界で供給された穀物のうち，直接人間が食べた割合はわずか46.1％（ほかに食品加工原料用が3.8％）であり，34.0％は家畜の餌として使われた．Food Balancesには，ほかに「その他用途（食料以外）」という項目があり，この割合が供給量の9.2％を占める．「その他用途（食料以外）」に使われた穀物の大部分はトウモロコシであり，主に米国で「バイオエタノール」（用語解説を参照）の原料として使われたものである．

穀物を飼料として与えられた家畜は，肉やタマゴ，ミルクなどを食料として人間に提供してくれるが，飼料として与えられた穀物の大部分は家畜が生きるためのエネルギーとして使われており，

人間は「飼料穀物」（用語解説を参照）のカロリーの一部を，家畜を経由して利用しているにすぎない．そのため，カロリー単価（単位カロリー当たりの価格）は，肉の方が穀物よりはるかに高くなる．十分な穀物を購入するお金のない人が，日常的に肉を購入することは不可能である．

　要するに，世界で十分すぎるほどたくさんの穀物が生産されているのに多くの飢餓人口が存在するのは，豊かな国の人々が穀物を直接自分で食べないで家畜に与えたり，エネルギー原料にしたりしているからである．本章では，このことを敢えて「不平等な食料分配」と称するが，倫理的にはともかく，市場経済的には何ら不当ではない．

　表5-1によれば，東アフリカ・中央アフリカ・西アフリカや南アジアのように，穀物を飼料として使うことがほとんどない地域があるのに対して，南北アメリカやヨーロッパ，オセアニアのように穀物の多くを飼料として消費している地域もある．人間が食べる主食の量には限りがあることから，各地域の食用穀物供給量には最大でも3倍程度の違いしかないのに対して，飼料用穀物供給量のばらつきはきわめて大きい．その結果，飼料用穀物供給量の多い地域では，全体としての穀物供給量も多いという顕著な特徴が見られる．飼料用穀物供給量の多い地域では，例外なく食肉供給量も大きい．

　一般に食用穀物供給量の小さい地域では食肉供給量が大きく，カロリーの多くを食肉から得ていることがうかがえるが，例外もある．東アフリカと中央アフリカは，西アフリカや南アジアと並んで，世界で最も食肉供給量が少ない地域であるが，食用穀物供給量も少ない．この地域とくに中央アフリカでは，穀物不足の一

表 5-1 地域別の 1 人当たり穀物供給量
および食肉供給量（2019 年）

（単位：kg/ 年，%）

	穀　　物						食肉
	生産量	純輸入量	供給量	飼料用		食用		供給量
世界	389	−3	379	129	(34.0)	175	(46.1)	43
東アフリカ	160	31	186	10	(5.6)	138	(74.1)	11
中央アフリカ	78	33	110	14	(12.3)	82	(74.5)	15
北アフリカ	171	182	359	89	(24.8)	227	(63.2)	26
南アフリカ	205	51	288	89	(30.9)	174	(60.4)	59
西アフリカ	177	52	219	30	(13.7)	155	(70.8)	11
北アメリカ	1,318	−257	1,080	488	(45.2)	110	(10.2)	125
中央アメリカ	233	161	398	163	(41.0)	157	(39.5)	62
カリブ海諸国	60	170	228	80	(35.1)	130	(57.0)	48
南アメリカ	561	−159	405	207	(51.1)	129	(31.8)	83
中央アジア	399	−60	336	93	(27.8)	172	(51.2)	45
東アジア	381	37	415	154	(37.1)	195	(47.0)	63
南アジア	246	1	240	24	(9.9)	192	(80.1)	8
東南アジア	368	44	397	74	(18.6)	232	(58.3)	31
西アジア	209	186	362	135	(37.4)	178	(49.3)	37
東ヨーロッパ	1,024	−438	562	293	(52.2)	149	(26.5)	73
北ヨーロッパ	558	−25	496	289	(58.3)	128	(25.7)	77
南ヨーロッパ	386	187	572	369	(64.5)	139	(24.2)	84
西ヨーロッパ	643	−36	576	327	(56.8)	124	(21.5)	75
オセアニア	731	−272	456	293	(64.3)	93	(20.4)	98

資料：FAO, FAOSTAT, Food Balances, 2022 年 2 月 14 日更新版.
注：1) 北アフリカはスーダンを含む.
　　2) 中央アメリカはメキシコを含む.
　　3) 純輸入量＝輸入量−輸出量.
　　4) 供給量＝生産量＋純輸入量±在庫変動.
　　5) 飼料用，食用の（ ）内は供給量に占める割合（%）.

部はイモ類（主にキャッサバ）によって補われているとはいえ，
カロリー供給不足は深刻である．サブサハラアフリカのなかでも，
とくに飢餓人口率の高い地域は，中央アフリカと東アフリカに集

中している.

　以上を整理すると，世界には十分な穀物供給があるが，その半分近くが家畜飼料やエネルギー原料として使われており，お金のない人は十分な穀物を手に入れることができない．人類は長い歴史のなかで，しばしば絶対的な食料不足に直面し，大量の餓死者を出したが，現代世界では十分な食料供給があるにもかかわらず，貧しい人は家畜やエネルギーとの競争に負けて，飢餓状態に陥っているのである.

3. 食料増産を可能にした要因

　ルース・ドフリース（2021）『食糧と人類』（日経 BP）によれば，人類の歴史は食料不足（飢餓）との戦いの歴史である．人類は，食料不足に襲われるたびに新しい農業生産方式を発明することで飢餓問題を克服して，人口を増やしてきた．農耕が開始され定住生活が始まった当初から，人類には農耕により土壌から失われた窒素などの養分をいかに補うかという難題がつきまとった．当初は，人間の糞尿から農地に還元される窒素などの役割が大きかったが，都市化や水洗トイレの普及が進むことで，人間の糞尿が肥料として使われることはなくなった.

　現在も一部熱帯地域で行われている焼畑農業は，土壌養分を補うよい方法ではあるが，広い土地を必要とするので多くの人口を養うことはできない．油かす（油糧種子から油を搾ったかすで窒素分が多い）や魚粉などの有機物を肥料として利用することも，かつては広く行われていた．大豆を輪作に取り込んだり，アルファルファやクローバーなどを飼料作物や緑肥作物にしたりするこ

とで，マメ科植物の根に共生する根粒菌の窒素固定を利用する方法は今でも広く行われているが，第2次世界大戦後の食料大増産を可能にしたのは，空気中の窒素を工業的（化学的）に固定するハーバー・ボッシュ法の発明である．

　ハーバー・ボッシュ法が発明されたのは第1次世界大戦前のことであるが，窒素肥料の安価な供給方法として本格的に普及するのは第2次世界大戦後のことである．ただし，高温高圧下で行われるハーバー・ボッシュ法による窒素肥料の生産には莫大なエネルギーが必要であり，大量の化石燃料が使われている．

　農業は，植物が太陽エネルギーを利用して二酸化炭素と水から合成した有機物を，人間が食料として利用する過程であり，元々生産に化石燃料を使うことはなかった．農耕により失われた土壌養分も，人間や家畜の糞尿，焼畑（草木灰），根粒菌の窒素固定などを利用することで，植物が生産した有機物の一部が再び農地に還元された．しかしながら，ハーバー・ボッシュ法の発明により，窒素分は農業の外から大量に投入されることになった．過剰に施肥された窒素肥料の一部は硝酸態窒素として，地下水の汚染や水域の富栄養化などの問題も引き起こしている．

　ルース・ドフリースは，狩猟採集生活から農耕に進むことで人類が直面したもう1つの大きな問題として，労働力の不足を指摘している．すでに存在する野生動植物を食べるだけの狩猟採集生活に比べて，農地の開墾に始まり，播種，雑草と害虫の駆除，収穫，脱穀，運搬などの作業が必要な農耕には膨大なエネルギーが必要である．人類はこの問題を解決するために，人間より力が強く，人間が消化できない草（セルロース）を消化することのできる牛や馬やラクダを役畜として使うことを思いついた．牛やラク

ダ，同じく草を消化できる羊や山羊などは人類に乳を提供し，人類は乳を直接飲用するほか，チーズやバターに加工して保存食品として利用した．死んだ家畜は，肉として貴重な蛋白源となった．しかしながら，ガソリン機関やディーゼル機関の発明と，安価な化石燃料の発見は，農作業における家畜利用を激減させ，これをトラクターやコンバインなどの機械に代替させた．

　第2次世界大戦後の驚異的な食料増産を可能にしたのが，アジアとラテンアメリカにおける「緑の革命」の成功であることには異存がないであろう．「緑の革命」は米や小麦，トウモロコシの高収量品種の開発と，肥料（とくに窒素肥料）投入の増大，灌漑の3つがパッケージとなった画期的な技術革新である．地球の開発が極限に近いところまで進み，これ以上耕地面積を増やすことが難しいなかで，人類が食料供給を増やすためには，単収（単位面積当たりの収量）を引き上げるしかない．「緑の革命」品種には肥料感応性が高いという特性があり，高収量をあげるためには大量の肥料投入が必要である．ハーバー・ボッシュ法の発明により，化学肥料（窒素肥料）が安価かつ大量に供給できるようになっていなければ，「緑の革命」による食料増産は実現されなかったであろう．「緑の革命」の成功により，人類は飢餓問題の解決に一歩近づいたが，それは同時に農業が化石燃料への依存を強める過程の進行でもあった．

　「緑の革命」の残された課題として，アフリカにおける「緑の革命」の未達がある．アフリカの飢餓人口率が高い主要な要因は紛争と貧困であるが，もちろん食料生産が伸びないことも関係している．アフリカにおいて「緑の革命」がうまくいかない最大の理由として，元々アフリカの主食が米や小麦ではなく，イモ類と

雑穀であったことを指摘できる．アフリカは大部分の地域が熱帯であり，乾燥地域も多いので，そもそも小麦や水稲の栽培適地は少ない．アフリカでもトウモロコシや陸稲を含む米，小麦の生産は伸びているが，単位収量はアジアに比べるとはるかに低い．高収量品種への置き換えが進んでいないこと，肥料投入が少ないこと，灌漑率が低いことなどが関係している．

アフリカでは現在，アフリカ在来稲とアジア稲との種間交雑品種であるネリカ米の普及が進んでおり，日本もこのプロジェクトに全面的に協力している．アフリカの自然環境に適しており，高い収量も期待できるネリカ米は，アフリカにおける食料増産の切り札になることが期待される．

4. 持続可能な食生活

人類にとって，家畜飼育の歴史は長いが，比較的最近まで主要な家畜は牛や羊，馬であり，豚や鶏ではなかった．牛や羊，馬は草食動物であり，人間との食べ物の競合が少ないが，豚や鶏は雑食動物であり，食べ物が人間と競合する．そのため，人間が食べる穀物が不足していた時代には，豚と鶏の飼育は残飯や作物かすで飼える範囲に限られていた．

図5-4によれば，1961年当時，世界で最も多く生産されていた肉は牛肉であり，豚肉は牛肉より少なく，鶏肉生産量は牛肉生産量の4分の1しかなかった．第2次世界大戦後とくに1980年代以降，豚肉と鶏肉の生産量が大きく伸びたのは，穀物と大豆（搾油かすを飼料として用いる）の生産量が激増したことにより，飼料が安定的に確保できるようになったからである．これとは逆

に，牧草や乾草などの粗飼料を大量に与えなければならない牛や羊の肉は大きく増やすことができない．

　今となっては信じられないことであるが，1961 年の 1 人当たり食肉供給量はアフリカが 13.4kg であり，アジアは 5.3kg にすぎなかった．アジアに比べて草地資源に恵まれるアフリカでは，牛や羊など草食家畜の肉が多く食べられていたのである．しかしながら，2019 年の 1 人当たり食肉供給量はアフリカ 16.9kg，アジア 33.5kg と大きく逆転している．アジアには，インドのように肉類をほとんど食べない国もあるが，東アジアや東南アジアの多くの国では，経済発展に伴い食肉消費量が激増している．東アジアと東南アジアの食肉消費の特徴は，豚肉と鶏肉の消費量が多

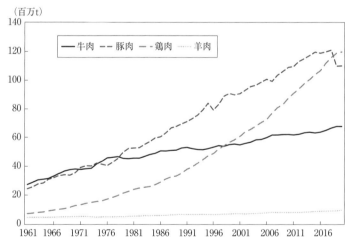

資料：FAO, FAOSTAT, Production, 2022 年 2 月 17 日更新版.
注：2019-20 年に豚肉の生産量が激減したのは，世界最大の豚肉生産国である中国において「アフリカ豚熱」が発生したためである.

図 5-4　食肉の生産動向（1961-2020 年）

いことにある.

　人間には，豊かになるとデンプン質の摂取を減らして，肉やタマゴ，ミルクなど動物性食品の摂取を増やす傾向がある．アフリカの飢餓問題の解決には，経済発展による所得上昇が最も効果的であるが，そのことはアジアと同じようにアフリカにおける畜産物消費を増やし，世界の穀物需要を一層増やすことにつながる可能性が高い．人類は第2次世界大戦後，驚異的な穀物増産を成し遂げたが，今後もさらなる穀物増産を続けることは可能であろうか．また，穀物増産が可能だとして，そのことは農業の環境負荷をさらに高めることにならないであろうか.

　そもそも，世界に十分な穀物供給があるのに多くの飢餓人口が存在するのは，豊かな人々が穀物を直接自分で食べないで飼料やエネルギー原料にする「不平等な食料分配」のせいであった．こうした「不平等な食料分配」の構造を変えることなく，貧困人口の所得上昇により飢餓問題を解決しようとすれば，世界の穀物需要は増えるばかりであり，持続可能な方法とは思えない.

　市場経済において，生産を決定するのは消費者の需要である．豊かになった消費者が穀物ではなく肉を食べたがれば，生産者はできる限りその欲望に応えようとする．つまり「不平等な食料分配」構造を作り出しているのは，第一義的には消費者であり，企業でも政府でもない．一方で，世界には動物性食品を食べない「ベジタリアン」（用語解説を参照）と呼ばれる人もたくさんいる．日本のベジタリアン人口の割合はきわめて低いが，インドを筆頭にその割合が10%を超える国も少なからず存在する.

　飢餓問題を解決する方法は様々あるが，今後は世界の食料供給を増やすことや貧困者の所得を高めることに加えて，食生活を見

直すという作業も重要になるであろう.

用語解説

FAOSTAT：FAO がオンライン上で提供する，世界の農業生産，飢餓人口，食料需給，農産物貿易，農産物価格，農地面積，肥料投入，農業就業人口などに関するデータベース．FAO のウェブサイトからデータを無料でダウンロードできる.

バイオエタノール：生物を原料として製造するエタノール（アルコール）のこと．自動車燃料として用いられることが多い．代表的なバイオエタノール原料にトウモロコシ（主に米国）とサトウキビ（主にブラジル）があるが，食料や飼料と競合するので，人間が消化できないセルロースを原料とする「第 2 世代のバイオエタノール」の研究も進んでいる.

飼料穀物：主に飼料として用いられる穀物の総称．代表的な飼料穀物にトウモロコシ，コウリャン，大麦があるが，生産量としてはトウモロコシが圧倒的に多い．飼料穀物の主な用途は飼料であるが，食用や工業原料として用いられることもある．また，一般に主食用穀物と考えられている小麦や米も，一部は飼料として使われる．とくに小麦はその量が多い．飼料原料としてトウモロコシの次に重要なのは大豆かす（大豆油をしぼったかす）である．穀物が主に家畜のエネルギー源となるのに対して，大豆かすは蛋白源となる.

ベジタリアン：菜食主義者．肉や魚など動物性食品を食べない人のこと．ベジタリアンには，タマゴ・乳製品・蜂蜜なども食べないヴィーガンのほか，乳製品は食べる，タマゴは食べるなど様々なタイプがある．ベジタリアンになる理由も，宗教上の理由，健康上の理由，倫理的な理由など，人によって様々である.

演習問題

問 1（個別学習用）

飢餓問題には多くの要因が関係している．本章の内容に基づき具体

的に説明しなさい.

問2（個別学習用）

図 5-4 によれば, 豚肉と鶏肉の生産量の伸びに比べて, 牛肉と羊肉の生産量の伸びは, はるかに小さい. どうしてこのような違いがあるのか, 本章の内容に基づき具体的に説明しなさい.

問3（グループ学習用）

本章の指摘する「不平等な食料分配」とは何か. また, 筆者はなぜ「不平等な食料分配」は倫理的にはともかく, 市場経済的には何ら不当でないと言うのであろうか. その理由について, 思うところを具体的に論じなさい.

問4（グループ学習用）

世界の飢餓問題を解決するための方法について, 具体的に論じなさい.

文献案内

ルース・ドフリース（2021）『食糧と人類』（小川敏子訳）日経 BP

人類の食糧不足との戦いの歴史を, 品種改良, 土壌養分の補充, 労働力不足の解消, 食生活の変化などに焦点を当てて俯瞰している. 人類は一段一段着実に食糧不足を克服してきたが, そのことはまた次々と新たな問題をもたらした. 著者は米国の地理学者. 原著の出版は 2014 年.

アマルティア・セン（2017）『貧困と飢饉』（黒崎卓・山崎幸治訳）岩波書店

飢餓は単なる食料供給不足によって起こるわけではなく, 実質所得の低下や市場の機能不全, 社会システムの不備などにより, 人々が十分な食料を手に入れる能力を奪われたことによって引き起こされる. 著者はインド出身のノーベル経済学賞受賞者. 原著の出版は 1981 年. センの飢餓と貧困に対する考え方は国連諸機関にも大きな影響を与えている.

第6章

生乳のフードシステムと有機牛乳

大 江 徹 男

本章の課題と概要

　フードシステムとは，加工食品や食の外部化が進行する中で，生産の現場である農業から加工，流通，小売という食をめぐる生産・流通の相互関係に着目するアプローチである．

　「食と農」の分野は，伝統的には農業経済学の研究対象領域であるが，業種間の相互依存関係が緊密化する現在，食と農を構成する異業種間の関係性に着目することが重要である．農産物を主体間の関係性の分析対象として考える場合，興味深いのが生乳である．生乳は，保存ができないという商品特性から生産者（及び生産者団体）と乳業メーカー間の関係は緊密であり，交渉を通じて価格の形成がなされ，流通における協力関係も必要不可欠である．

　また，酪農を含む畜産業は日本の農業において重要な役割を担っている．2017 年の農業総産出額 9 兆 3,000 億円の内訳を見ると，畜産の割合が最も大きく 35.1％を占めている．畜産の産出額は，堅調な需要に支えられて近年着実に増加している．野菜は 26.4％，米は 18.7％で，米の減少が目立つ．

　ただし，環境意識の高まりとともに近年畜産を取り巻く環境は

厳しさを増している．SDGsを重視して，従来型の畜産業を転換することも必要になってきている．

そこで本章では生乳及びそこから製造される牛乳・乳製品の定義，需給関係，などの基本的事項について整理した上で，SDGsという視点を踏まえ主体間の関係性をベースにした有機牛乳への取り組みについて紹介する．

1. 牛乳・乳製品の需給構造と生乳流通

（1）生乳と牛乳，乳製品の基礎知識

乳牛から絞られる乳は生乳と呼ばれ，生乳から牛乳類と乳製品が製造される．牛乳類には，牛乳（無調整牛乳）の他に成分調整牛乳（低脂肪牛乳，無脂肪牛乳），加工乳，乳飲料，がある．乳製品には，バター，脱脂粉乳，チーズ，生クリーム，などがある．牛乳乳製品やこれらを主要な原料とする食品の成分規格や表示の要領，容器包装の規格，製造方法の基準などについては，「乳等省令」（乳及び乳製品の成分規格等に関する省令）に定められている．

最初に牛乳類についてみてみよう．牛乳と成分調整牛乳は，共に生乳の成分以外の原料は加えられていない点では共通しているが，牛乳は原料である生乳の成分調整を行わないものに限定される．成分的には，乳脂肪分が3.0％以上，無脂乳固形分が8.0％以上と規定されている．無脂乳固形分には，たんぱく質，炭水化物，ミネラル，ビタミン類，などが含まれている．

成分調整牛乳とは，生乳から乳脂肪分の一部を除去するなどの調整を行った牛乳である．成分調整牛乳のうち，乳脂肪分を0.5％以上1.5％以下に調整したものが低脂肪牛乳で，乳脂肪分を

表 6-1 牛乳の殺菌方法

温度	時間	殺菌方法
63〜65℃	30 分	低温保持殺菌
65〜68℃	30 分	連続式低温殺菌
75℃以上	15 分以上	高温保持殺菌
72℃以上	15 秒以上	高温短時間殺菌
120〜150℃	1〜3 秒	超高温瞬間殺菌

注：現在販売されている牛乳の 9 割が超高温瞬間殺菌（UHT）による殺菌.
資料：日本乳業協会の HP より筆者作成.

0.5％未満に調整したものが無脂肪牛乳である．無脂乳固形分は共に 8.0％以上である．

　牛乳の製造工程において重要なのが殺菌である（表 6-1）.

　殺菌方法にはいくつかの手法があるが，現在最も多いのが超高温瞬間殺菌方法である．ただし，近年差別化を図るために低温保持殺菌の牛乳も市場に出回るようになっている．

　加工乳には，生乳に加えて乳製品が使用されている．衛生管理や鮮度の関係上，生乳の状態で在庫管理することは不可能であるため，生乳をバターや脱脂粉乳などの乳製品に加工して在庫調整が行われているが，加工乳はこのような乳製品を原料の一部としている．

　加工乳では，カルシウム・たんぱく質などの無脂乳固形分も調整することができる．ただし，生乳以外の原料を加えるため「牛乳」と表示することはできない．加工乳の成分規格では，無脂乳固形分は 8.0％以上と定められているが，乳脂肪分には規定はない．なお，乳飲料には，主原料の生乳または乳製品にコーヒー・果汁など生乳成分以外のものが加えられている．

　次に乳製品を見ると，バターは牛乳中の脂肪分をとりだして練

りあげたもので，その成分規格は乳脂肪分が 80.0%以上，水分が 17.0%以下と定められている．脱脂粉乳は，乳等省令では，「牛乳の脂肪分を除去したものから，ほとんどすべての水分を除去して粉末状にしたもの」，と定義されている．規格では乳固形分を 95%以上含むことが定められている．

（2）生乳の需給構造

2020 年度の国内の牛乳・乳製品の総需要量は，生乳換算で 1,242 万 t，そのうち国内産が 743 万 t，輸入が 499 万 t であった．国内産生乳 743 万 t のうち 403 万 t が牛乳などの飲用向けで，残り 330 万 t が乳製品向けであった（図 6-1）．国内産 743 万 t のうち 416 万 t が北海道で生産されている．

ただし，北海道産生乳の多くは，バターや脱脂粉乳などの乳製品向けに使用されている．乳製品向け生乳価格（後述）は生乳の

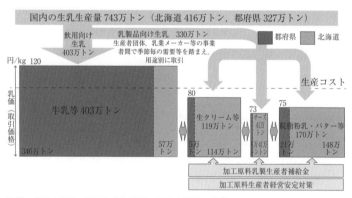

資料：農林水産省（2022）「我が国における酪農・乳業について」：p. 3.

図 6-1 国内の生乳の種類別需要量（2020 年度）

生産コストを下回る水準にあるため，補助金（加工原料乳生産者補給金など）の支給が不可欠である．

なお，輸入乳製品におけるチーズの比重は極めて高く，2020年度 499 万 t のうち 368 万 t がチーズであった．国内のチーズ生産量がわずか 41 万 t であったことから，国内チーズ供給量全体の約 9 割を輸入チーズが占めていることになる．

生乳生産量は，ピークの 1996 年度の 865 万 t から 2020 年度の 743 万 t まで 120 万 t（14％）減少している．製品別生産量を見ると，特に牛乳生産量の減少が大きく，2003 年度の 402 万 kℓ から 2019 年度には 316 万 kℓ にまで低下した（表 6-2）．しかしながら，近年回復する兆しも見える．

加工乳や成分調整牛乳，乳飲料は，一時増加傾向を示していたが，その後減少に転じている．対照的に，はっ酵乳は消費者の健康志向もあり，2003 年度の 79 万 kℓ から 2019 年度の 103 万 kℓ まで順調に増えている．

乳製品について見ると，バターの生産量が横ばい状態から減少に転じているのに対して，クリームとチーズについては，同時期

表 6-2　牛乳乳製品の生産量の推移（生乳換算）

年度	2003	2010	2015	2016	2017	2018	2019
1. 牛　乳　（千 kℓ）	4,021	3,048	3,014	3,060	3,094	3,154	3,159
2. 加工乳・成分調整乳　（千 kℓ）	458	669	450	443	441	412	410
3. 乳飲料　（千 kℓ）	1,175	1,215	1,294	1,226	1,166	1,121	1,140
4. はっ酵乳　（千 kℓ）	792	841	1,055	1,105	1,072	1,067	1,030
5. バター　（t）	81,566	70,119	66,295	63,583	59,996	59,828	65,495
6. チーズ　（t）	119,342	127,029	145,202	150,412	151,009	157,545	156,788
7. クリーム　（t）	91,915	107,984	113,142	111,884	116,179	116,109	115,838

資料：牛乳乳製品統計より筆者作成．

にそれぞれ9万tから12万t, 12万tから16万tまで着実に増えている. 以上のように, 製品によって消費者のし好が大きく異なっている.

(3) 生乳価格

生乳の価格決定方式は他の農産物と大きく異なっている. 生乳以外の農畜産物については, 現在でも卸売市場が一定程度機能しているが, 生乳は鮮度や衛生といった問題から卸売市場での取引対象とはならない. したがって, 生産者と乳業メーカーとの取引は直接取引という形態をとらざるをえない.

その際, 酪農家に代わって生乳の販売を行う組織が「指定生乳生産者団体」(以下, 「指定団体」という)である. 現在ではブロック単位(北海道, 東北, 関東等)の広域指定団体が設立され, 生産者を代表して毎年乳業メーカーと生乳の価格(乳価)交渉を行っている. 指定団体を経由して販売される生乳は, 全国で生産される生乳の90%を越えるとの指摘もあり, 圧倒的なシェアを占めている. また, 指定団体は, 流通面でも重要な役割を担っている.

乳価は, 大きく「飲用向け」(牛乳等に使用される生乳)と「乳製品向け」(乳製品に使用される生乳)に分けられ, さらに乳製品については, バターと脱脂粉乳, チーズ, クリームなどに細分化されている. 取引期間は, 4月から翌年3月までの1年間であるため, 毎年乳価交渉が行われる.

(4) 生乳・乳製品の流通経路

次に, 牛乳を例に流通について見てみよう. 通常, 消費者のもとへ牛乳が届くまでには様々な組織を経由する. 酪農家が生産し

た生乳の多くは主に農協のクーラーステーションと呼ばれる集乳所へ小型集乳車で運ばれてゆく．その後，乳業メーカーの工場に運ばれる．

工場では，牛乳や乳製品が製造され，量販店，学校，専門販売店などを経由して，消費者に届けられる．牛乳乳製品製造部門では，大手3社（明治，森永，雪印メグミルク）の寡占体制が続いているが，中堅乳業メーカーなどが量販店向け販売に注力したため，量販店向けの販売競争は激化している．

小売ではスーパーマーケットやコンビニエンスストアの比率が圧倒的に高い．以前主流であった家庭宅配の比率は，1973年の52%から2000年には5%までに減少したのに対して，量販店の比率は同時期に15%から83%に上昇した．

以上が牛乳・乳製品の生産から流通までの基本的な知識，情報である．ところで，近年の環境意識の高まりとともに，酪農を含む畜産を取り巻く状況は厳しさを増している．畜産の排せつ物処理問題や飼料原料である大豆の生産拡大のためにアマゾンなどで行われている大規模な森林開発の環境への影響，家畜の成長を促進させるために日常的に家畜に投与されている抗生物質の人体への影響，欧米で注目を集める動物福祉（アニマルウェルフェア）（用語解説を参照）への対応，など課題は多い．

これらの課題に対する1つの対応策が放牧である．牛を牛舎で飼育するのではなく山野で放し飼いをする飼育方法である．その究極が1年を通して放牧する山地酪農（用語解説を参照）で，岩手県の「なかほら牧場」が有名である．このような方式を導入することで，飼料や牛の健康，環境問題等を解決することが可能である．ただし，生乳生産量の減少は避けられない．

他方，近年注目されているのが有機畜産である．牛舎での飼育を前提としながらも，飼料や飼育方法を有機に転換することで，安全な食を求める消費者のニーズに応えることができるだけでなく，環境価値を生み出すことができる．そこで，次に国内の有機畜産の認定基準と実例を紹介する．

2. 安全・安心な牛乳・乳製品への取り組み

(1) 有機 JAS の主要条件

現在，有機 JAS（用語解説）規格の生産方法として，有機農産物，有機加工食品，有機飼料及び有機畜産物の 4 品目に対して 4 規格が定められている．「有機」という名称で農畜産物を販売するためには有機 JAS 認証を取得する必要がある．そのためには登録認定機関から認定事業者の認定を受ける必要がある．農水省のデータによれば 2013 年 3 月末時点で，80 機関（内訳：国内 60 機関，海外 20 機関）が登録されている．

登録認定機関は，書類審査と実地検査から判定を行い，認定後も認定基準に適合していることを確認するため，定期的に調査を実施している．登録認定機関が認定申請者に対して審査を実施する際には，認定基準に基づいて審査を実施する．有機農産物については，「堆肥などにより土づくりを行い，多年生作物の場合は収穫前 3 年以上，その他の作物の場合は，播種又は植え付け前 2 年以上の間，原則として化学的に合成された肥料や農薬は使用しないこと．遺伝子組換え種苗を使用していないこと．」という規定に従って調査を実施する．有機畜産物については，繁殖から認定基準が決められている．そこで，次に有機畜産の認定基準につ

いて飼料と薬剤を中心に整理する（農林水産省（2021）「有機畜産物の生産行程管理者ハンドブック」を参照）.

(2) 有機畜産物の認証基準：飼料と薬剤を中心に

繁殖

繁殖に関しては，①出産前6カ月以上有機飼養された母親の子であること，②出生の時から有機飼養されること，が条件となる．繁殖技術に関しては，人工授精は認められているが，受精卵移植技術，組換えDNA技術などは認められていない．

飼料

乳用牛を含む家畜，家きんの飼料は，大きく「粗飼料」と「濃厚飼料」に分けられる．粗飼料は，牧草や乾草（牧草を乾かしたもの），牧草などを乳酸発酵させた飼料（サイレージ）などで，繊維質が多く含まれている．濃厚飼料には，トウモロコシや大豆粕，大麦，小麦，などがあり，炭水化物やタンパク質などが多く含まれている．通常，濃厚飼料などを原料にして製造される配合飼料が広く利用されている．トウモロコシや小麦などの穀類や大豆粕やナタネ粕などの植物粕，魚粉やポークチキンミール，及び脱脂粉乳などの動物性たん白質，などが配合飼料の原料として使用されている．

牧草やトウモロコシ，大豆などを有機飼料農産物として生産する場合，有機農産物と同じ基準が適用される．ただし，通常の多年生農産物が収穫前3年以上有機管理でなければならないのに対し，牧草に関しては収穫前2年以上有機管理であれば，有機飼料とみなされる（農林水産省（2007）「有機飼料検査認証制度ハンドブ

ック」を参照).

　有機配合飼料は，有機原料を95％以上使用したものを指す．
5％以下であれば非有機原料を使用できるが，その場合でも原料
に遺伝子組換え技術および放射線照射の技術は使用できない.

　飼料原料の課題は，海外に全面的に依存している点である．特
に，トウモロコシや大麦などの穀物については，現在そのほとん
どを輸入に依存している．したがって，濃厚飼料の自給率は，
2019年度で12％と粗飼料の自給率（77％）と比べて極めて低い.
また，2030年度の政府の自給率目標を見ても，濃厚飼料に関し
ては目標水準が低い（表6-3）．したがって，穀物価格の上昇は
今後も国内の畜産に大きな影響を与えることになる.

　事実，近年コロナ禍や国際情勢の変動で穀物価格が上昇してい
る．特に2021年以降の上昇が顕著で，トウモロコシの価格は
229.2ドル/tで，過去最高値（326.8ドル/t）を上回る勢いである.

　このような穀物価格の上昇は，配合飼料価格に影響を与えてい
る．配合飼料価格（全畜種の加重平均価格）は，直近まで6万
5,000円/t前後で推移していたが，やはり2021年半ばから価格
が上昇し始め，2022年1月には8万円/tを超えた.

　当然であるが，有機飼料の原料も海外からの輸入に依存せざる

表6-3 飼料自給率の現状と目標
（2030年度目標）

（単位：％）

	2019年度	2030年度目標
1．飼料全体	25	34
2．粗飼料	77	100
3．濃厚飼料	12	15

資料：農林水産省（2020）「飼料をめぐる情勢」.

を得ない．有機飼料又はその原料を購入する場合，有機 JAS マークの付されたものを購入しなければならない．つまり，外国の有機飼料生産者が，外国で JAS 認証を取得した上で，有機 JAS マークを貼付して日本に輸出することになる．追加的なコストの発生は避けられない．次に薬剤について述べる．

薬剤

薬剤については，抗生物質が効かない薬剤耐性菌の問題が深刻化している．抗生物質を過剰に使い続けた場合，細菌の薬に対する抵抗力が高くなり，抗生物質が効かなくなることがある．このように薬への耐性を持った細菌を薬剤耐性菌と呼んでいる．

薬剤耐性菌の影響はすでに確認されている．ワシントン大などの国際グループの発表によると，薬剤耐性菌によって，2019 年に 204 カ国・地域で計 127 万人が死亡したと推定されている．2050 年には 1,000 万人に達するとの予想もある．

国内の畜産も無関係ではない．たとえば，2011 年の抗生物質全体の使用量のうち，人体に投与される医薬品が 33％なのに対して，動物用医薬品が 45％，飼料添加物が 13％と畜産関連の比率が高い（厚生労働省健康局（2013）「厚生労働省における AMR の取組」）．また，厚生労働省の調査によると，国産鶏肉の検体の64％から薬剤耐性菌が検出されたという．

このような現状を受けて，世界保健機関（WHO）は，2017 年に家畜の成長促進や疾病予防のための抗生物質の投与を中止するよう勧告を出した．また，農林水産省も，これまでに薬剤耐性菌による人体へのリスクがあると評価された 3 種類の抗菌性飼料添加物の指定を取り消すとともに，抗生物質の慎重な使用を呼びか

けている.

　有機JASでは，動物用医薬品の使用は，①法令等で義務付けられている場合，②特定の疾病又は健康上の問題が発生し（又は発生の可能性があって），他に適当な治療方法若しくは管理方法がない場合，に限定されている．使用にあたっては，獣医師の処方により使用することができるが，医薬品又は抗生物質を使用した場合には，使用禁止期間や休薬期間を通常より長く設定しなければならない．他方，疾病の予防や成長の促進を目的として，抗生物質やホルモン剤を飼料に混合して給与することは認められていない．

　薬剤に代わる疾病予防策として推奨されているのが，飼育環境の改善である．乳牛の飼養形態は，牛舎内に牛をつなぎ留めて飼養する「つなぎ飼い方式」と「放し飼い方式」に分けられる．「放し飼い方式」には，つなぎ留めはしないで，牛舎内にストールという1頭分ずつに区切られたスペースで休息するフリーストールと，1頭分ずつ区切らずに牛舎内で自由に休息できるフリーバーンがある（写真）．

　有機JASでは，畜舎の家畜1頭当たりの最低面積が決められ，畜舎は，「適度な温度，通風及び太陽光による明るさが保たれる構造であること」，「家畜が横臥することのできる敷料を敷いた状態又は土の状態の清潔で乾いた床面を有すること」，などの条件を満たし，「野外の飼育場に自由に出入りさせること」を保証しなければならない．

　「野外の飼育場に自由に出入りさせること」が確保されなければならないという指針は，牛をつながずに自由に歩き回れるスペースを持った牛舎であるフリーストール牛舎やフリーバーン牛舎

資料：北海道幌延町芳野牧場.

写真　フリーバーン

の導入が想定されるだけに，酪農経営で通常行われているつなぎ飼いの制限に結びつく可能性も否定できない.

(3) 酪農のみに適用される項目

　酪農における有機認証の対象は生乳生産に限定されない. 酪農では飼料，生乳の生産及び保管・輸送，乳業プラントでの加工処理・配送に至るまでの工程が長く，しかもそれぞれの事業主体が異なっている.

　同一施設で，有機と非有機の並行生産の場合，搾乳施設やタンク（バルククーラー）で生乳を混合してはならず，そのため有機専用のタンクが必要である. 生乳については，搾乳して出荷するまでが生産者の範囲である. 殺菌などの処置をして消費者向けの容器で出荷される牛乳については，乳業会社が「有機加工食品」に関する認証を別途取得しなければならない. なお，酪農生産者が自身で殺菌，充填して直接牛乳を販売する場合も，同様の認証

表 6-4　有機牛乳と牛乳の生産量の推移

（単位：t，％）

	2010 年度	2015	2016	2017	2018	2019
1．有機牛乳生産量	531	735	832	889	909	942
2．牛乳生産量	3,161,346	3,095,568	3,140,904	3,183,502	3,235,939	3,255,278
3．有機牛乳比率	0.017	0.024	0.026	0.028	0.028	0.029

注：牛乳の比重を 1.03 で計算した．
資料：農林水産省「牛乳乳製品統計」及び「有機農産物等の格付実績及び有機ほ場
　　　の面積」より筆者作成．

の取得が必要である．

　このように，酪農生産者と乳業メーカーの緊密な連携は，有機
牛乳の生産を行う上で必要不可欠である．

（4）少ない有機牛乳

　これまで見てきたように，有機牛乳の生産条件は厳格であるた
め，有機牛乳の生産は限られている．たしかに，国内における有
機牛乳の生産量は少しずつ増加してはいるが，2019 年度時点で
も牛乳生産量全体のわずか 0.03％である（表 6-4）．

　このように有機牛乳の生産規模は現時点では極めて小規模であ
るが，環境意識の高まりから今後拡大が期待される．そこで次に
有機牛乳の生産では先駆的な大地牧場の例を紹介する（矢坂雅充
(2002)「オーガニック酪農への挑戦」『畜産の情報国内編』153：
pp. 4-14，山田明央（2007）「大地牧場における有機牛乳生産」『日本
草地学会誌』53 (3)：pp. 229-233 を参照）．

3．有機牛乳の取り組み：大地牧場とタカナシ乳業の事例

　大地牧場の取り組みには，① JAS の有機畜産物認証基準を先

取りして，アメリカの有機牛乳の認証基準を取得している，②濃厚飼料は輸入に依存しているものの，可能な限り自給有機飼料による飼養管理を目指している，③指定生乳生産者団体制度の中で生乳取引を維持している，④食品スーパーや牛乳販売店を販売チャネルとした小売流通となっている，⑤乳業メーカー（タカナシ乳業）が有機牛乳の市場開拓のコーディネーターとしての役割を果たしている，などの特徴がある．

（1）飼料について

大地牧場の飼料栽培面積は飼料を自給できる規模ではないため，飼料穀物は輸入に依存している．農地の余裕がない上に，除草剤の非使用で収量も期待できない．したがって，大地牧場では有機認証を受けたアメリカ産の乾草，トウモロコシ，大豆粕を使って自家配合飼料を製造しているという．

粗飼料については，その大部分を自家生産有機牧草サイレージで賄っているという．「有機化」に伴う牧草の収量減少をカバーするために，林地の草地造成や転作田の借入などにより積極的にほ場面積を拡大するだけでなく，多種類の牧草を栽培して対応している．不足分を輸入有機飼料で補っているが，輸入有機飼料はタカナシ乳業が輸入し，大地牧場に供給している．

（2）薬剤・飼育方法について

大地牧場は，適度な運動と病気の予防管理を徹底し，乳牛には抗生物質ホルモン剤を使用していない．先述したように有機JASでは，治療目的での抗生物質使用は許容されているが，その場合でも搾乳する前の一定期間は使用できない．大地牧場が準

拠するアメリカの基準ではさらに厳しく，抗生物質，ホルモン剤及び化学物質の使用が禁止されているため，軽度の疾病でも乳牛を淘汰せざるを得ない場合が生じるという．

　薬剤が使用できないため，飼育方法で疾病予防を行っている．生後60日齢ごろまで母乳であるオーガニックミルクを与え，人との接触もできるだけ避けている．成牛に対しても適度の運動を確保し，過度な飼料摂取，過重な搾乳を控えることで対応している．大地牧場は有機酪農開始前からフリーストール牛舎を導入し，乳牛の健康管理には十分に配慮している．

　たしかに，予防重視によって生乳生産は影響を受け，1頭当たりの年間の乳量が1万kgから8,000kgへ減少したと報告されている．しかしながら，搾乳量増大を優先させれば，乳牛の疾病を引き起こす可能性が高い．そこで薬剤治療を行えば，有機牛乳の対象となる搾乳頭数の減少をもたらすことになる．非常に難しい飼育管理が求められる．

　以上のように，有機牛乳の生産は，従来の畜産のあり方に対して様々な示唆を与えてくれる．その代表的な事例が薬剤の使用である．通常の畜産では，治療目的だけでなく，予防目的などの治療以外の目的で使用されるケースもあるが，有機牛乳では治療以外は禁止されることになる．予防目的で薬剤を使用できない場合，疾病を予防するためには薬剤以外の方法を採用することが不可欠になる．

　そのためには，家畜の飼育方法の見直しが求められる．疾病を予防するという観点から，家畜の飼育環境の改善，特にアニマルウェルフェアという観点も含めた改善が必要になるであろう．つまり，有機牛乳への転換は，これまでの畜産のあり方を根本から

見直すことを意味し，それは私たちの食と農に対する考え方を問い直すことも意味している．

用語解説

動物福祉（アニマルウェルフェア）：アニマルウェルフェアとは，国際獣疫事務局（OIE）の勧告において，「動物の生活とその死に関わる環境と関連する動物の身体的・心的状態」と定義されている．アニマルウェルフェアについては，家畜を快適な環境下で飼養することにより，家畜のストレスや疾病を減らして，健康的な生活ができる飼育方法をめざす畜産のあり方で，欧米では積極的に採用されているが，国内では未だに知名度が低いという問題がある．

山地酪農：放牧を導入することで，省力的かつ低コストな酪農を実現することができる．また，運動することで牛の足腰は強くなり，牛は健康な状態となる．繁殖牛においては分娩事故が少なくなる．耕作放棄地などで放牧を行うことで，未利用な土地の活用や景観保全につながる．放牧の究極な形態が山地酪農で，1年中牛を山野に放牧をする．繁殖は自然繁殖で，飼料は自生している野生のシバなどで，飼料コストは極めて少ない．

有機 JAS：JAS 法に基づき，「有機 JAS」に適合した生産が行われていることを第三者機関が検査し，認証された事業者に「有機 JAS マーク」の使用を認める制度である．検査認証を受けた圃場・施設で生産された有機農産物及び有機農産物加工食品のみに，特定 JAS 有機マークの使用が許可される．

コーデックス（食品の国際規格を定める国際機関）のガイドラインに準拠し，農畜産業に由来する環境への負荷を低減した持続可能な生産方式の基準を規定している．

演習問題

問 1（個別学習用）

スーパーやコンビニに陳列されている牛乳類について，成分表示や

殺菌方法を自分で確認してみよう.

問2（個別学習用）

アニマルウェルフェアや有機牛乳が国内で浸透，普及するには何が必要か，考えてみよう.

問3（グループ学習用）

飼料の海外依存の長所と短所について考えてみよう.

問4（グループ学習用）

放牧による酪農の長所と短所について考えてみよう.

文献案内

小口広太（2021）『日本の食と農の未来−「持続可能な食卓」を考える』光文社

「食の海外依存」や「国内農業の衰退」というリスクを抱え，さらに地球環境への対応を迫られる中で，有機農業は有力な選択肢である．著者は，これまで現場に頻繁に足を運び，生産者の活動にも注目しながら，日々の暮らしの中で手の届く範囲の「等身大の自給」について考えている．今，私たちの「食」と「農」のどこに問題があり，どのような未来を描くために，どう行動すべきなのか，一緒に考えてみよう.

川内イオ（2021）『農業フロンティア−越境するネクストファーマーズ』文藝春秋

出身国も前職も様々で多彩な10人が紡ぐ興味深い物語である．薬剤と無縁の養鶏法を考案して地域の野菜農家とたい肥をシェアし，その野菜を買い取って卸売りも手掛けたり，耕畜連携の循環型農業をブータンに輸出したりするなど，これまでの「食」や「農」の発想を超えた大胆な試みを展開している．皆さんも新しい発想を生み出して下さい.

第7章

食料貿易と持続可能性

－フェアな貿易とは何か－

作山　巧

本章の課題と概要

　あなたは食品を買う際に，その素性にどこまで関心を払っているだろうか．例えばチョコレートを例にとろう．チョコレートのような加工食品には，原材料名やその生産地等に関する情報の表示が義務づけられている．チョコレートの主成分であるカカオマスの原料はカカオ豆で，その生産地はアフリカ等の開発途上国なので，原材料の一部は間違いなく輸入品ということになる．では，カカオ豆を誰がどのように生産しているかについて，あなたは気にかけたことがあるだろうか．仮に，それが森林破壊による農地や児童労働で生産されたものだったとしたら，あなたはどう思うだろうか．それを購入したあなたも，自然破壊や児童労働の責任を問われるのだろうか．

　本章の目的は，食料を題材に貿易の光と影を理解することである．まず，日本の食料輸入を念頭に，第2節では，比較生産費説に基づく自由貿易の利点，第3節ではその弊害について，それぞれ検討する．その上で，第4節では貿易の弊害への対応策について説明し，第5節では，森林破壊による農地で生産された農産物の輸入を禁止するEU（欧州連合）の新規則案を例に，フェアな

貿易をめぐる国際的な対立を紹介する．第6節は，輸入品に大きく依存しているにもかかわらず，その素性に関心が薄いとされる日本人への問題提起で締めくくる．

1. 日本の食料輸入の現状

日本は食料の輸入大国といわれる．2020年の世界の人口は約78億人であり，1.26億人の日本は世界11位でその1.6%を占めている．他方で，2020年の世界の農産物輸入額は1.5兆ドルであり，約569億ドルの日本は世界6位でその3.7%を占めている．つまり，人口に占める割合では世界の1.6%に過ぎない日本は，農産物輸入額に占める割合ではその倍以上の3.7%を占めている．また，上記のように，日本の農産物輸入額は，中国，アメリカ，ドイツ，オランダ，イギリスに次ぐ世界6位である．他方で，輸入額から輸出額を引いた純輸入額では，日本は中国に次ぐ世界2位となっている．このように，人口が首位の中国の約11分の1に過ぎない日本が，農産物の純輸入額では世界2位というデータは，日本の豊かな食生活に貿易が欠かせないことを示している．

この結果，供給熱量ベースで見た日本の食料自給率は，2020年度で37%に過ぎない．こうした日本の輸入食料への依存は，果たして良いことなのだろうか．まず，利点を挙げれば，日本の消費者は多様な食料を世界中から安い値段で買うことができ，生活水準が向上する．また，日本向けの食料を生産する海外の生産者や食品企業も所得が増え，輸出国の経済発展にも寄与するだろう．しかし，弊害もある．例えば，輸入品との競争に敗れた国内の生産者は，廃業を強いられ，地域や農地が荒廃するかもしれな

い．また，海外でも，日本向けの食料生産のために森林が伐採され，環境が破壊されているかもしれない．

　環境保護に関連して関心を集めているのが，2015 年の国連総会で採択された SDGs（持続可能な開発目標）である．これに関して，日本の農水省のウェブサイトには，目標 2（飢餓をゼロに）に関する取り組みとして，食料自給率向上のために国産小麦粉でパンを作る企業の例が紹介されている[1]．しかし，SDGs の文書には，「国際貿易は，包摂的な経済成長や貧困削減のための牽引車であり，持続可能な開発の促進に貢献する」（68 段落）と明記され，貿易は経済面だけでなく環境面でも肯定的に評価されている[2]．同じ SDGs をめぐって，日本では貿易への依存度を下げる食料自給率の向上が重視される一方で，国際社会が合意した文書では貿易が肯定されるという乖離も，フェアな貿易に対する認識の違いから理解することができる．

2．自由貿易の利点

　日本の食料輸入の利点は前節で述べたとおりであり，ここではその裏付けとなる自由貿易の利点について，単純な数値例を用いて考えてみよう．ここでは，日本とアメリカが，牛肉と自動車のみを生産していると想定しよう．また，労働者 1 人が生産できる量は，牛肉は日本が 3t でアメリカが 2t なのに対して，自動車は

---

[1]　農林水産省「SDGs×食品産業」
（https://www.maff.go.jp/j/shokusan/sdgs/goal_02.html#com_08）.

[2]　外務省（2015）「我々の世界を変革する：持続可能な開発のための
2030 アジェンダ（仮訳）」（https://www.mofa.go.jp/mofaj/gaiko/oda/
sdgs/pdf/000101402.pdf）.

日本が4台でアメリカが1台とする。つまり，牛肉でも自動車でも，労働者1人当たりの生産量は日本がアメリカよりも多い。この場合，日本は牛肉と自動車の生産に「絶対優位」を持つという。さらに，労働者の総数は，日本もアメリカも3万人ずつとし，両国ともに牛肉の生産に1万人，自動車の生産に2万人を振り向けるとしよう。

こうした前提の下で，自給自足と自由貿易の違いを表7-1に示した。まず，表7-1の上段の自給自足では，牛肉の生産量は，日本が3万t，アメリカが2万tであり，両国合わせて5万tとなる。また，自動車の生産量は，日本が8万台，アメリカが2万台であり，両国合わせて10万台となる。自給自足では貿易が行われないので，日本とアメリカにおける牛肉と自動車の消費量（自動

表7-1　日本とアメリカにおける生産量と消費量

区分	品目	日本	アメリカ	合計
自給自足 生産量＝消費量	牛肉	3t×1万人＝3万t	2t×1万人＝2万t	5万t
	自動車	4台×2万人＝8万台	1台×2万人＝2万台	10万台
自由貿易 生産量	牛肉		2t×3万人＝6万t	6万t（＋1万t）
	自動車	4台×3万人＝12万台		12万台（＋2万台）
自由貿易 貿易量	牛肉	＋3.5万t	−3.5万t	0
	自動車	−3万台	＋3万台	0
自由貿易 消費量	牛肉	3.5万t（＋5千t）	2.5万t（＋5千t）	6万t（＋1万t）
	自動車	9万台（＋1万台）	3万台（＋1万台）	12万台（＋2万台）

資料：筆者作成。
注：貿易量の＋は輸入を，−は輸出を表す。

車の場合は厳密には保有台数）は，それぞれの生産量と同じになる．

つぎに，自由貿易の場合を検討しよう．ここで自由貿易とは，日米間の貿易を阻害する障壁がない状態をいう．上記の前提から，自動車を基準にすると，自動車 1 台の代わりに生産できる牛肉は，日本が 0.75t（＝3t÷4 台），アメリカは 2t（＝2t÷1 台）で，アメリカは日本より多くの牛肉を生産できる．他方で，牛肉を基準にすると，牛肉 1t の代わりに生産できる自動車は，日本が 1.33 台（＝4 台÷3t），アメリカでは 0.5 台（＝1 台÷2t）で，日本はアメリカより多くの自動車を生産できる．ここで，日本の自動車やアメリカの牛肉は「比較優位」を持つ産業なのに対して，日本の牛肉やアメリカの自動車は，「比較劣位」の産業といえる．

その上で，比較優位に沿ってアメリカが牛肉，日本は自動車の生産に専念すると，表 7-1 の下段に示したように，生産量は，アメリカの牛肉が 6 万 t，日本の自動車が 12 万台となる．両国の生産量の合計は，自給自足と比べて，牛肉で 1 万 t，自動車で 2 万台増える．さらに，アメリカが牛肉 3.5 万 t，日本が自動車 3 万台を，それぞれ相手国に輸出するとしよう．これによって，消費量は，牛肉では日本が 3.5 万 t，アメリカが 2.5 万 t となり，自給自足と比べて両国とも 5 千 t ずつ増える．また，自動車では，日本が 9 万台でアメリカが 3 万台となり，自給自足と比べて両国とも 1 万台ずつ増える．

このように，アメリカが牛肉，日本が自動車の生産に特化しその一部を交換すれば，両国ともに消費量が増えて利益を得る．これが「貿易利益」である．なお，表 7-1 において，日米が自動車 3 万台と牛肉 3.5 万 t を交換すると想定したのは，それが両国共に貿易利益を得る交換比率だからである．このように，絶対優位

ではなく比較優位に基づく生産の特化と商品の交換が貿易利益を生むという考え方は「比較生産費説」と呼ばれ，自由貿易を正当化する強力な根拠となっている．つまり，日本が多くの食料を海外に依存しているのは，総じて日本の農業は比較劣位にあるからであり，農業に比較優位を持つ国からの輸入は，日本と相手国の双方の利益になっている．

　なお，こうした結論は，あくまで仮想的な数値例に基づくものであり，2020年の日本とアメリカの貿易額を用いてその妥当性を確かめてみよう．まず，農林水産品では，日本の対米輸出額は0.1兆円に過ぎないのに対して対米輸入額は1.6兆円もあり，日本は1.5兆円の輸入超過だった．他方で，工業品では，日本の対米輸出額は12.5兆円なのに対して対米輸入額は5.9兆円であり，日本は6.6兆円の輸出超過だった．このように，日本はアメリカに対して，農林水産品では輸入超過なのに対して工業品では輸出超過であることから，実際に，日本の農林水産業は比較劣位産業で，工業は比較優位産業といえるだろう．

　ただし，比較生産費説には限界も多い．例えば，表7-1で自由貿易に移行する際に，日本では1万人の労働者が自動車生産に，アメリカでは2万人の労働者が牛肉生産に，それぞれ瞬時に移動する必要があり，この仮定を「労働移動の完全性」という．しかし，それらの生産地や必要な技能等は異なるため，この仮定は容易に成立しない．また，比較優位の源泉には，森林破壊による農地や児童労働での商品の生産もあるが，その是非も問われない．さらに，表7-1の例では，自由貿易時に日本は牛肉を生産しないはずだが，実際には牛肉は日米両国で生産され，相互に輸出されている．このように，二国間で同じ品目が相互に貿易される「産

業内貿易」も説明できない．それらを説明する理論は本章の範囲を超えるので，ここでは扱わない．

3.　自由貿易の弊害

　つぎに，日本の食料輸入を例に，自由貿易の弊害について検討しよう．前述のように，日本の農産物の輸入額は 2020 年で約569 億ドル（約5.9兆円）であり，そうした貿易によって，私たち日本人は豊かな食生活を享受している．他方で，それが輸出国側に様々な負荷を与えているのも事実であり，本節では，日本の食料輸入が資源や環境の持続可能性に与える影響を可視化するための 2 つの指標を紹介する．

　第 1 は「エコロジカル・フットプリント」である．エコロジカル・フットプリントは，「ある特定の地域の経済活動，またはある特定の物質水準の生活を営む人々の消費活動を永続的に支えるために必要とされる生産可能な土地および水域面積の合計」と定義される[3]．具体的には，食料の消費量を面積当たりの生産量である単収で割ることによって，日本の食料消費量の生産に必要な面積を推計している．

　図 7-1 には，1990/1991 年における日本のエコロジカル・フットプリントを示した．まず，農産物の生産に用いられる耕地は，日本国内の面積が約 440 万 ha なのに対して，日本の食料供給に使われた面積は，その 6 倍以上の約 2,810 万 ha だった．また，家畜飼料の生産に用いられる草地は，国内の面積が約 80 万 ha

---

3)　車競飛・金紅実（2018）「農業分野におけるエコロジカル・フットプリント分析の応用と研究の動向」『社会科学研究年報』48：pp. 111-120.

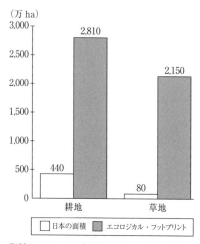

（万 ha）

資料：Wada, Y.（1999）The myth of 'sustainable development': The ecological footprint of Japanese consumption, Doctoral dissertation, University of British Columbia. を基に筆者作成.

図 7-1 日本のエコロジカル・フットプリント（1990/1991 年）

なのに対して，日本の食料供給に使われた面積は，そのおよそ 27 倍の約 2,150 万 ha だった．その上で，耕地と草地を合わせると，日本の食料供給に使われた 4,960 万 ha と日本国内の 520 万 ha との差である 4,440 万 ha が輸入食料の生産に充てられた面積であり，日本は自国の 8.5 倍の農地面積を自国の食料生産のために海外に依存していることが分かる．

上記は日本の食料消費量に関するエコロジカル・フットプリントの試算結果だが，世界全体の消費量に関する試算もなされている．これによれば，2014 年に地球全体で生産可能な面積は 122 億 ha だったのに対し，消費量に対応するエコロジカル・フットプリントは 206 億 ha とその 1.7 倍であり，世界全体では現在の消費水準は持続不可能なことが示されている[4]．

第 2 は「仮想水」である．仮想水とは，「食料を輸入している

4）　WWF ジャパン（2019）「環境と向き合うまちづくり－日本のエコロジカル・フットプリント 2019」（https://www.wwf.or.jp/activities/data/20190726sustinable01.pdf）.

国において，もしその輸入食料を生産するとしたら，どの程度の水が必要かを推定したもの」と定義される[5]．具体的には，食料輸入量に単位重量当たりの生産に必要な水量を掛け合わせることによって，輸入食料の生産に必要な水量を推計している．仮想水は，バーチャルウォーターやウォーター・フットプリントとも呼ばれる．

　図 7-2 に示したのは日本の仮想水の輸入量であり，2000 年度は 640 億 m^3 だった．それを品目別に見ると，とうもろこしが 23％，牛肉が 22％，大豆が 19％を占めている．他方で，相手国別では，日本が多くの穀物や食肉を輸入しているアメリカが 61％と圧倒的に多く，オーストラリアが 14％，カナダが 8％となっている．日本国内で同年に使用された灌漑用水は 570 億 m^3 だったことから，日本はそれ以上の水を食料と共に海外から輸入していることが分かる．

　ただし，仮想水は必ずしも貿易を否定するものではない．なぜなら，適地適作によって，「輸出国で実際に食料生産に使われた水の量」（直接水）は，「輸入国で同じ品目を生産した場合に必要な水の量」（間接水）よりも総じて少ないため，食料消費量を所与とすれば，世界全体での水の使用量を貿易で節約しているからである．ただし，各国別に見れば，日本の食料輸入は，輸出元のアメリカ等で地下水の枯渇を招いている面もある．

4.　貿易の弊害への対応策

　第 2 節で紹介したように，比較優位に基づく自由貿易は各国の

---

5)　環境省「バーチャルウォーター」（https://www.env.go.jp/water/virtual_water/#main）．

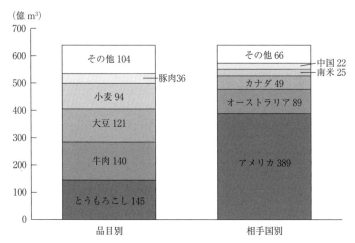

（億 m³）

資料：沖大幹（2008）「バーチャルウォーター貿易」『水利科学』52(5)：pp. 61-82
を基に筆者作成.

図 7-2 日本の仮想水の輸入量（2000 年度）

利益となるが，それが完全に実施されているわけではない．自由
な貿易を阻害する代表例が，政府が輸入品に対して税金を課す関
税である．世界中を見渡しても，関税がないのは植民地時代に自
由貿易港だった香港やマカオのような特殊な地域だけで，独立国
で関税を課していない国は見当たらない．このように，輸出入の
両国にとって利益になるはずの自由貿易が，実際には存在しない
のはなぜだろうか．その一因は，「労働移動の完全性」が実際に
は成立せず，転職や失業を迫られる比較劣位産業（表 7-1 の例で
は，日本の牛肉産業やアメリカの自動車産業）の従事者が自由貿
易に反対するからである．

　そこで必要となるのが国際機関や国際協定である．具体的には，
1930 年代の世界恐慌を契機としてアメリカを含む主要国は，不

況に苦しむ国内産業を保護するために輸入品に高関税を課し，経済のブロック化が進展した．こうした保護主義による対立の激化が，第2次世界大戦の遠因になった反省を踏まえて，戦後の1948年に「GATT（関税及び貿易に関する一般協定）」（用語解説を参照）が成立した．GATTでは，上限内の関税は認められているが，輸出入への数量制限は原則的に禁止されている．その上で，表7-1の例にならえば，日本の比較劣位産業である牛肉の関税とアメリカの比較劣位産業である自動車の関税を同時に削減し，そうした約束をGATTで担保することによって，世界的な関税の削減を漸進的に進めてきた．

　他方で，貿易には第3節で述べたような弊害もあり，それへの対応策は表7-2のように要約できる．まず，貿易制限措置を含む「多国間環境協定」（用語解説を参照）は，2つに大別される．貿易される品目自体が有害な事例への対応策としては，フロン等のオゾン層を破壊する物質の生産・使用・貿易を禁止するモントリオール議定書や，有害な廃棄物の貿易を規制するバーゼル条約等がある．GATTでも，「公衆道徳の保護のために必要な措置」（20条(a)）や「人，動物又は植物の生命又は健康の保護のために必要な措置」（20条(b)）については，基本原則の例外として貿易

表7-2　貿易の弊害と対応策の例

	多国間環境協定	民間の措置
貿易される品目が有害な事例	モントリオール議定書 バーゼル条約	
貿易が有害な影響を与える事例	ワシントン条約 カルタヘナ議定書	エコラベル フェアトレード認証ラベル

資料：筆者作成．

制限が認められている.

つぎに，貿易が有害な影響を与える事例への対応策としては，絶滅の恐れがある野生動植物の貿易を規制するワシントン条約や，生物多様性への悪影響を回避するために遺伝子組換え生物の輸入禁止を認めたカルタヘナ議定書等がある．前者の具体例としては，象牙製品の貿易制限があり，象牙自体は有害ではないものの，その自由な貿易を認めれば，象牙の採取のためにアフリカゾウの乱獲を招くことから，その誘因を絶つ手段として貿易制限が正当化されている．GATT でも，「有限天然資源の保存に関する措置」（20条(g)）については，基本原則の例外として貿易制限が認められている.

多国間環境協定による措置は，その加盟国が実施する強制的な措置であるが，貿易の弊害への対応策としては民間による自主的な措置もある．具体例としては，地球環境の保全に役立つと認定された商品につけるマークであるエコラベルや，開発途上国の立場の弱い生産者や労働者により良い貿易条件を提供し，その権利を守ることによって，持続可能な発展を支援するフェアトレードの認証ラベル等が挙げられる．これらのラベルは民間による任意の取り組みで強制力はないため，ラベルを見て環境保全や開発途上国の支援に役立つ商品を買うかどうかは消費者に委ねられている．このため，貿易される品目自体が有害な事例への対応策としては適当でなく，その適用範囲は，貿易が有害な影響を与える事例への対応策に限られる.

5. フェアな貿易をめぐる対立

　最近では，貿易制限の必要性が広く認められている前節の事例とは異なって，それを発動する輸入国と発動される輸出国の間で意見が対立する事例も増えている．例えば，アメリカ，EU（欧州連合），オーストラリアは，2010 年前後に，違法に伐採された木材の輸入を禁止する法律や規則を相次いで制定した．また，EU は 2022 年 3 月に，温室効果ガスの排出削減が不十分な国から輸入される肥料等に対して，生産過程で排出される温室効果ガス相当分の関税を課す炭素国境調整措置に合意し，2023 年からの段階的な導入を決定した．さらに，アメリカでも同様の措置の導入を求める意見がある．

　こうした動きは農産物にも及んでおり，EU の行政府に当たる欧州委員会は 2021 年 11 月に，「森林減少フリー製品に関する規則案」を公表した[6]．この中では，森林破壊によって生産された木材や農産物（牛肉，カカオ，コーヒー，パーム油，大豆）のEU への輸入禁止が盛り込まれ，2023 年までの成立を目指している．森林は地球温暖化をもたらす二酸化炭素の吸収源であり，本規則案は，木材や農産物の一大輸入地域である EU が，輸入禁止措置を梃子に開発途上国の森林破壊を食い止めるのが狙いである．従来の違法伐採木材の輸入禁止措置との主な違いは，①森林破壊による農地で生産された農産物も対象となる，②森林破壊かどう

---

6) 林野庁（2021）「【海外情報】EU の「森林減少フリー製品に関する規則」案について」（https://www.rinya.maff.go.jp/j/boutai/yunyuu/attach/pdf/kakkoku_jyoho-9.pdf）.

かの認定は EU 側が行う，の2点である．

　EU の措置の念頭にあるのが，アマゾンの原生林を抱えるブラジルである．ブラジルの森林面積は，2020 年には世界の 12% を占めており，過去 10 年間の森林減少率は世界 1 位だった[7]．そこで図 7-3 には，ブラジルの土地利用の推移を示した．ブラジルの森林面積は，1990 年から 2019 年の 30 年間に 9,110 万 ha（15%）減少したのに対して，耕地面積は 842 万 ha（18%）増加した．この背景には，「共有資源」（用語解説を参照）としての森林の特性がある．つまり，伐採すれば森林だけでなく二酸化炭素の吸収機能も失われる（競合性が高い）のに対して，違法伐採の監視は困難（排除性は低い）である．このため，現地の生産者は，森林を農地に転換して農産物を生産し，利益を独占するのが合理的となり，森林破壊を止めるのは難しい．

　EU の規則案に対しては，輸入禁止の対象になりかねない輸出国側は強く反発しており，対立の背景には，「フェアな貿易」に対する認識の違いがある[8]．伝統的に GATT では，関税や数量制限がない「自由な貿易」がフェアとされてきた．極論すれば，開発途上国の緩い環境規制や低賃金労働も正当な比較優位の源泉で，それを制限することはフェアな貿易の否定になる．こうした考え方は，環境保護よりも経済発展を優先しがちな開発途上国で特に根強い．また，環境規制や低賃金労働には国際的な基準がなく，開発途上国にとっては先進国がそれを保護主義の口実に使う

---

7)　林野庁（2020）「世界森林資源評価（FRA）2020 メインレポート概要」（https://www.rinya.maff.go.jp/j/kaigai/attach/pdf/index-5.pdf）.
8)　箭内彰子「国際貿易システムとフェアトレード」佐藤寛編（2011）『フェアトレードを学ぶ人のために』世界思想社：pp. 83-113.

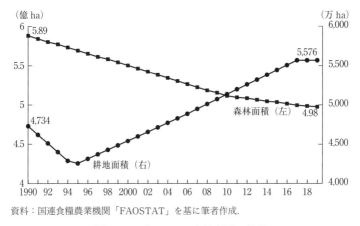

（億 ha）　　　　　　　　　　　　　　　　　　　　　　（万 ha）

森林面積（左）

耕地面積（右）

資料：国連食糧農業機関「FAOSTAT」を基に筆者作成.

図 7-3　ブラジルの土地利用の推移

との懸念もある．貿易を肯定的に捉えた SDGs も，開発途上国が多数を占める国連の政府間交渉で策定されたもので，こうした規範を反映していると考えられる（国連における SDGs の交渉過程については，南博・稲場雅紀（2020）『SDGs：危機の時代の羅針盤』岩波書店の第 2 章を参照）．

　これに対して，EU の規則案の背景にあるのは，「正当な対価を反映した貿易」がフェアというものである．つまり，森林破壊で生産された農産物や木材は，環境保全の費用を反映しない「環境ダンピング」（用語解説を参照）であり，それを止めることがフェアとされる．例えば，16 世紀から 3 世紀にわたって行われたアフリカからアメリカ大陸への奴隷貿易は，今日では容認されないのは明らかで，フェアな貿易の範囲は，社会規範に応じて変化しうる．このように，一見すると経済原則に支配されているように思われる貿易も，それをどこまで認めるかは倫理的な価値判断

が伴う．EU の規則案も，地球環境問題の深刻化を背景に，フェアと認められる貿易のハードルを一段上げたものと見なすことができる．

6. 問われる私たちの選択

「フェアな貿易」をめぐる対立の本質は，農産物の生産方法の是非にある．森林破壊による農地や児童労働で生産されたカカオ豆は，それ以外のものと味も外見も変わらない．それは，アマゾンの森林破壊による農地で生産された牛肉や大豆も同様である．自由貿易を擁護する比較生産費説は，最終商品をいかに効率的に生産できるかに注目したもので，比較優位の源泉となる生産方法の是非は問われなかった．これまでも，生産方法に着目したフェアトレード認証ラベルのような例はあったが，民間による任意の取り組みに過ぎず，認証は輸出に不可欠ではなかった．これに対して EU の規則案は，指定された生産方法に沿わない農産物の輸入を一律に禁止する点で，従来の対応を大きく超えたものであり，だからこそ開発途上国を中心とする輸出国側の反発も強い．

それでも，EU に端を発するフェアな貿易の潮流に，我々日本人も無関心ではいられない．日本人は，輸入される食料や資源の生産方法に対して総じて関心が薄い．例えば，前述したフェアトレード認証ラベルの認知度は，欧米 15 カ国の平均で 50% なのに対して，日本では 2 割以下と極めて低い[9]．また，日本政府は 2017 年に「クリーンウッド法」を制定したが，合法木材の使用

9) 渡辺龍也（2010）「フェアトレードの現在：その認知度と市場」『フェアトレード学：私たちが創る新経済秩序』新評論：pp. 108-119.

は努力義務に過ぎす，違法伐採木材の輸入も禁止されていない．他方で，第3節のエコロジカル・フットプリントや仮想水が示すように，日本は海外からの輸入農産物に大きく依存している．このため，森林破壊による農地や児童労働で生産された農産物を漫然と買い続ける日本人に対して，世界から非難の目が向けられる日が来るかもしれない．日本の食料輸入の光と影について，自分事として考えることが求められている．

【用語解説】

GATT：物品の自由貿易推進のために1948年に発効した「関税及び貿易に関する一般協定」の略で，1995年にWTO（世界貿易機関）に発展した．関税の上限設定と削減，数量制限の禁止，内国民待遇，最恵国待遇を基本原則とし，一方的な関税の引上げや輸出入の数量制限は，例外的な場合を除いて禁止されている．

多国間環境協定：環境の保護や保全を目的として，世界レベルや複数国間で締結される国際条約で，2013年時点で約280の協定が締結されている．そのうち，約20の協定では，加盟国に対して輸出入の禁止といった貿易制限措置が認められており，表7-2に例示した4つの協定がその代表例とされる．

共有資源：森林，漁場，水のような資源は，利用すれば量が減るという点で「競合性」はあるものの，正当な対価を払わない者の利用を排除するのが困難という点で「排除性」は低い．こうした性質を持つものを共有資源といい，適切な管理が伴わない場合には，資源が枯渇する「共有地の悲劇」が起こりやすい．

環境ダンピング：ダンピングとは，採算を無視して商品を不当に安売りすることである．貿易の文脈では，環境規制の緩やかな国が，それを梃子に安く生産した製品を環境規制の厳しい国に輸出し，輸入国の生産者を駆逐する行為をいう．長時間労働や劣悪な労働条件による安価な輸出はソーシャル・ダンピングと呼ばれる．

問 1（個別学習用）

貿易の環境への影響に関して，①貿易が好影響を与える例，②貿易が悪影響を与える例をそれぞれ列挙してみよう.

問 2（個別学習用）

貿易制限が正当化される事例について，①品目が有害な例，②貿易が有害な例をそれぞれ列挙してみよう.

問 3（グループ学習用）

食品の購入時に，原材料を含めた生産地や生産方法について，ラベルでどこまで確認しているかを発表してみよう.

問 4（グループ学習用）

日本人が，輸入される食料や資源の生産地や生産方法について，総じて関心が薄いとされる理由を考えてみよう.

文献案内

作山巧（2019）『食と農の貿易ルール入門－基礎から学ぶ WTO と EPA/TPP』昭和堂

食料と農業に関する貿易ルールについて，世界レベルの GATT・WTO の協定と，TPP（環太平洋パートナーシップ協定）のような地域的な協定を対象に，予備知識のない初学者を対象とした大学レベルの教科書.「数量制限の禁止」のような GATT の基本原則についても丁寧に解説しているが，本章で扱った貿易と環境との関係については，あまり触れられていない.

山下一仁（2011）『環境と貿易－WTO と多国間環境協定の法と経済学』日本評論社

貿易と環境との関係について，法律学と経済学の両方の観点から詳しく解説した専門書. 本章の内容を掘り下げて学びたい読者に向いているが，内容は学部上級レベル. 特に，前半の「GATT・WTO と多国間環境協定」は国際経済法，後半の「環境と貿易の経済学」はミクロ経済学の習得が前提となる.

第**8**章

食ビジネスと持続可能性

中 嶋 晋 作

本章の課題と概要

1990 年代の中頃以降，食料消費が飽和し，低下するという大きな変化が生じた．背景には，バブル経済崩壊後の景気の低迷があると言われている．このような 1990 年代半ば以降の食料消費を一言で表現すれば，「縮む消費」，「選ぶ消費」，それに基づく「賢い消費」となる[1]．つまり，所得が増えない中で，食料消費が飽和し，私たちは農産物・食品を賢く選択していると考えられている．

「縮む消費」，「選ぶ消費」，「賢い消費」は，農産物・食品を売る側，食ビジネスからすると困難な状況を意味する．所得が増え，食料消費が旺盛に伸びている場合，「作れば売れる」ことになるが，「縮む消費」の中では「作っても売れる」保証はなく，「選ぶ消費」に対応して，私たちのニーズに合った農産物・食品を常に提供しなければ，市場の競争に淘汰されてしまう．また，「賢い消費者」が農産物・食品へ注ぐ視線は多様である．その関心は

---

1) 中嶋康博（2012）「新しい時代の食と農を考える－ネオポストモダン型食料消費とオルタナティブフードシステム－」『JC 総研レポート』21：pp. 2-8.

味・外観・鮮度といった品質要件だけでなく，安全・栄養といった健康要件，そして環境・人権・地域社会といった倫理要件にまで広がっている．現在，このような「賢い消費者」に食ビジネスが如何に対応するかが問われている．

食料消費の変容をもう少し詳しくみてみよう．図8-1は，横軸に1人当たり実質総消費支出，縦軸に1人当たり実質飲食費支出をとったグラフである．図より，第2次世界大戦後の日本の食料消費は4つの時期に分けることができる[2]．

まず，1950年までの敗戦直後の時期，図の①期は，所得の増加分がまず食料消費に向けられたことがわかる．この時期のエンゲル係数（家計費に占める飲食費の割合）は，現在の倍以上の60％を超える水準だった．

1950年から1970年ごろまでの20年間，図の②期には，①期とは異なるが，飲食費支出がかなりの速度で増加している．一方で，1970年代の半ば以後の③期は，総消費支出の伸びは小さくなり，飲食費支出の増加がとまる，「食料消費の成熟」を迎えたことが確認できる．消費者の食料消費への関心は量から質へと移り，食に対する新たな志向として，高級化志向，簡便化志向，多様化志向，健康・安全志向が加わった．

最後の④期は，バブル経済崩壊後の景気の低迷の影響で，総消費支出だけでなく飲食費支出も低下している．先ほど言及した，「縮む消費」「選ぶ消費」それに基づく「賢い消費」に代表される時期ということになる．ただし，近年気になる傾向として，景気が回復し始めた2013年以降，飲食費支出が増加していることで

---

2) 時子山ひろみ・荏開津典生・中嶋康博（2019）『フードシステムの経済学 第6版』医歯薬出版.

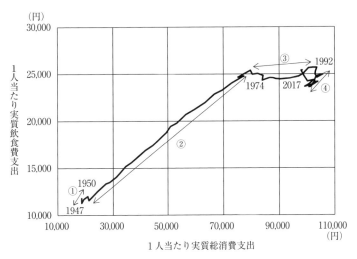

資料：総務省統計局「家計調査年報」（二人以上全国全世帯）より筆者作成.
注：時子山ひろみ・荏開津典生・中嶋康博（2019）『フードシステムの経済学 第6版』医歯薬出版のp.42の図を加筆修正. 消費者物価指数（CPI）でデフレートを行い, 物価変動の影響は除去している.

図8-1　総消費支出と飲食費支出の関係

ある. これは, エンゲルの法則（所得水準が高いほどエンゲル係数が小さくなる現象）の逆転現象が生じている可能性を示唆しており, 今後, 所得格差との関連で重要な論点となるだろう.

　このような食料消費の変容を考慮したうえで, 以下では, 食ビジネスの経済学に関する基礎概念を説明し, その基礎概念を用いた具体的な分析例を解説する. 分析の対象は, 機能性表示農産物である. 機能性表示農産物はいわゆる健康食品であるが, 現在,「賢い消費者」の関心は, 健康的な食事を超えて持続可能な食事にまで及んでいる. この点を考慮して, 最後に「健康的で持続可能な食生活」を実践するための手法として, バックキャスティン

グを紹介する.

1.　食ビジネスの経済学

（1）属性と差別化戦略

　経済学では，商品（財）は様々な特徴，すなわち属性の束で構成されていると考える．この属性には2つの種類があり，1つが垂直的属性，もう1つが水平的属性と呼ばれる．垂直的属性は，属性の優劣について多くの消費者の間で評価が共通している属性，一方，水平的属性は，色やデザインのように，消費者によって評価の異なる属性を意味する.

　垂直的属性，水平的属性に関わって，食ビジネスでは差別化という概念が重要である．差別化とは，商品の品質，機能，デザイン，販売条件など，価格以外の属性に特徴をもたせることで，他の商品（財）との違いをアピールすることを意味する.

　具体的にミニトマトと米を例に，属性と差別化について考えてみたい．ミニトマトの場合，属性として，糖度，機能性成分，色，サイズ，産地などが挙げられる．これらの属性を垂直的属性と水平的属性に分けると，糖度については，甘くないミニトマトを好む人はいないため，糖度は消費者の間で評価が共通している属性，垂直的属性と考えられる．同様に，最近は機能性成分の内容を全面的に説明して品質訴求をするミニトマトも多くなっており，機能性成分も垂直的属性と言える．一方で，色についてはどうだろうか．近年，赤いミニトマトだけでなく，黄色いミニトマトやオレンジ色のミニトマトも販売されている．赤いミニトマトが好きな人もいれば，黄色いミニトマトが好きな人もいるため，色は消

費者によって評価の異なる属性，水平的属性と考えられる．同様に，サイズ，産地なども水平的属性と言えるだろう．ミニトマトの場合，垂直的属性である糖度が高ければ高いほど，価格が高くなる関係があるため，甘味によってミニトマトの違いを打ち出している，つまり甘味による垂直的な差別化が行われていると考えることができる．

　一方，米についてはどうだろうか．米の属性の中で，品種は重要な属性である．ただし，日本で栽培されている米の多くがコシヒカリ系の米であり，品種による差別化が進めにくいと言われている．つまり，米はトマトのように甘味と言う形で味覚に訴求することが難しく，味を含めた品質評価要因がミニトマトほど単純ではない．差別化戦略としては，栽培方法と言う属性に着目して，棚田等の立地による差別化，アイガモ等の農法による差別化などが考えられるが，必ずしも有効な差別化戦略には至っていない．実際，棚田やアイガモ農法による米は収量が低下し，慣行栽培よりも労働集約的となるが，その割に価格が高くならないなど課題も多い．その意味で，棚田米やアイガモ農法米はあくまでニッチなマーケティングによる市場の細分化戦略（全体市場を対象とするのではなく，消費者の年齢別，性別，世帯別，所得階層別，ライフスタイル別，用途別などを基準に，何らかの共通性をもつ特定の部分市場（セグメント）を選び出し，そのニーズにより的確に応えることを目指す戦略）[3]と言えるだろう．以上の点から，米の市場環境については，どの産地の米も同質的なものとなり価格競争がメインになっている状態，すなわちコモディティ化した

---

3)　茂野隆一・木立真直・小林弘明・廣政幸生・川越義則・氏家清和（2014）『新版 食品流通』実教出版．

状態と考えられる．このような市場環境を，血で血を洗うような激しい価格競争の市場状態に喩えて「レッド・オーシャン」[4]と表現する場合もある．レッド・オーシャンの対語はブルー・オーシャンであり，文字通り，のどかで穏やかな海を意味し，競争のない未開拓の市場環境を指す．

（2）行動経済学と時間選好，現在バイアス

経済学では，消費者は自分の効用（満足度）を最大化するように合理的に選択行動すると考えられている．しかしながら，このような仮定は必ずしも私たちの選択行動に当てはまらないことが多い．例えば，「健康には良くないとわかっていながら，たばこを吸い続ける」，「肥満や生活習慣病の大敵と知りつつ，つい甘いものを食べてしまう」，などである．こうした標準的な経済学では説明できない人間の感情や経験，あるいは認知的なバイアスなどの心理学的要素を組み込んだ経済学として，行動経済学が注目されている．

行動経済学の基本概念をすべて説明することは本章の範囲を超えるため，第3節に関わる時間選好と現在バイアスについて解説する．

経済活動は，時間を超えた選択，異時点間の選択行動が多い．例えば，消費をするか貯蓄をするかという行動は，手に入れたお金を今すぐ使うか，それとも銀行に預けて利子（待つことの報酬）を受け取った後に使うかという選択と考えられる．

---

4) W・チャン・キム，レネ・モボルニュ（2015）『[新版]ブルー・オーシャン戦略－競争のない世界を創造する－』（入山章栄監訳，有賀裕子訳）ダイヤモンド社.

異時点間の選択行動を理解するために，経済学では時間割引率（時間選好率）という概念を用いる．例えば，「今日１万円受け取る」と「１週間後に１万100円受け取る」のどちらかを選ぶとすると，１週間待つことのプレミアムが100円のみであれば，「今日１万円受け取る」を好む人が多いだろう．このような時間に対する選好は人によって個人差があり，Ａさんにとっては「今日１万円受け取る」が「１週間後に１万１千円受け取る」と同じ価値であるのに対して，Ｂさんにとっては「今日１万円受け取る」が「１週間後に１万２千円受け取る」と同等の価値になるかもしれない．この場合，Ａさんは今日と１週間後の受取金額の差が1,000円であるのに対し，Ｂさんは2,000円であることから，Ａさんの時間割引率はＢさんの時間割引率よりも低い（Ａさんは1,000円で１週間待つことができるため辛抱強く，Ｂさんは2,000円でないと１週間待つことができないためせっかちな人）と考える．

　標準的な経済学では，この時間割引率は時間の長さにかかわらず一定と考えられてきた．しかし，近年の行動経済学の研究成果では，時間割引率が時間とともに変化することを明らかにしている．例えば，先の例で考えると，「今日１万円受け取る」と「１週間後に１万100円受け取る」という選択で「今日１万円受け取る」を選んだ人でも，「１年後に１万円受け取る」と「１年と１週間後に１万100円受け取る」という選択では，「１年と１週間後に１万100円受け取る」（以下強調は引用者）を選ぶ人が多い．１週間待つことのプレミアムは同じであるにもかかわらず，選択の始点が今日か１年後かで時間的に不整合な選択をしているのである．これは今日か１週間後かという現在から近い将来での１週間

と比べて，1年後の1週間の差はほとんど気にならなくなるためであり，このような人間の特性を現在バイアスと表現する．私たちの行動でしばしば見られる，嫌いなことを過度に先延ばしにする行動（いつまで経っても始められない夏休みの宿題やダイエット）は，この現在バイアスによって説明することができる．

このような時間選好，現在バイアスを考慮することで，食ビジネスに関わる消費行動をより正確に理解することができる．以下ではその例を紹介したい．

2. 食ビジネスの分析例：機能性表示農産物の購買行動

前節で解説した食ビジネスの分析ツールを具体的に紹介するため，機能性表示農産物（写真参照）の購買行動を例に説明する．

1990年代の中頃以降，食料消費支出が減少傾向に転じ，今後も少子高齢化の影響で国内の食市場が縮小することが確実視されている．しかしながら，このような状況においても，健康に良い

出所：http://www.salad-bowl.jp/products/554/

写真 機能性表示食品のトマト

といわれる食品（健康食品）の需要の伸びが期待されている．実際，日本政策金融公庫「消費者動向調査（令和4年1月）」（2022年2月22日）によると，食への意識において最も重視されている項目は健康志向であり（健康志向43.0%，次いで，経済志向37.8%，簡便化志向37.1%，安全志向17.2%，手作り志向17.1%，国産志向15.4%，美食志向13.7%），また，政策的には1991年の特定保健用食品，いわゆるトクホの表示許可制度の施行を皮切りに，2001年に栄養機能食品，2015年に機能性表示食品が制度化されている（用語解説を参照）．現在，健康をキーワードとする農産物・食品の需要の解明と生産体制の構築は，これからの食ビジネスを考える上で欠かせない課題である．

　2021年7月時点の機能性表示食品の届け出総数は5,755件，そのうち生鮮食品（農畜産物）は143件と全体のおよそ2%に留まっており[5]，機能性表示農産物は一般に浸透しているとは言い難い．そこで，機能性表示農産物の消費の背後にある行動メカニズムを検討するため，2021年11月にWeb方式のアンケート調査を実施し，ミニトマトを対象にした選択実験（用語解説を参照）[6]を行った（図8-2参照，選択実験ではこのような質問を数回回答してもらう）．考慮したミニトマト（1パック180g）の属性は，「種類」，「リコピン表示」，「価格」であり，「種類」は慣行栽培農

5）　消費者庁「機能性表示食品の届出情報検索」（https://www.caa.go.jp/policies/policy/food_labeling/foods_with_function_claims/search/）

6）　選択実験については，合崎英男（2015）「R パッケージ support. CEs と survival を利用した離散選択実験の実施手順」『北海道大学農経論叢』70：pp. 1-16を参照．選択実験の調査票の設計から統計環境 R の使い方まで丁寧に解説しており，卒業研究で選択実験を行いたい学生は必読である．

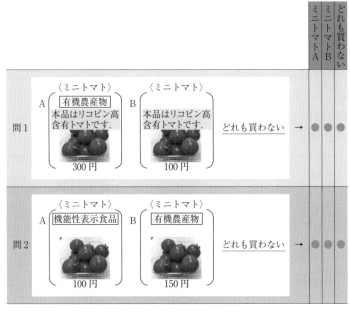

図 8-2　選択実験の例

産物，有機農産物，機能性表示農産物の 3 水準とした．

　また，この選択実験では，機能性表示農産物の購買行動に関わる行動経済学的な側面に着目している．機能性表示農産物の購買行動は，以下の点で行動経済学の分析概念が適用可能な領域と考えられる．なぜなら，機能性表示農産物の購買の意思決定が，時間上の選択問題ととらえられるからである．機能性表示農産物の購買の意思決定は，将来の健康という利益と現在の金銭的な負担（費用）を比較検討する異時点間の選択行動であり，行動経済学における時間選好が重要な役割を果たす[7]．将来の利益を割り引く，時間割引率の高い人や，現在バイアスによる先延ばし傾向の

強い人ほど，機能性表示農産物の消費を躊躇する可能性が考えられる．

　時間割引率の高い人や現在バイアスのある人が機能性表示農産物を消費できないのは，将来生ずる健康上の利益を割り引いて評価するため，現在の金銭的な負担（費用）の方が大きくなってしまうからである．このような行動を変えるには，何らかの方策によって，将来の健康という利益をより大きくすることが効果的である．その方策の1つがナッジ（nudge）である．ナッジはもともと「肘で軽くつつく」という意味の英語で，選択を強制することなく，補助金などの金銭的なインセンティブを用いずに，伝え方の工夫などによって，人々に賢い選択を促すことを意味する．近年のナッジ理論の充実ぶりは目覚ましく，行動経済学の手法の洗練とも相まって，様々なタイプの経済問題の分析に威力を発揮している．以下で述べるように，機能性表示農産物の場合，将来時点の利益（健康）を強調して大きく見せるようなナッジの介入が考えられる．

　選択実験では，1,100名の回答者をランダムに対照群（何の介入も行っていない群），介入群1，介入群2，介入群3の4つのグループに割り当てた．選択実験の回答の直前に，介入群1には，機能性表示食品に関する説明のみ情報提供した．一方，介入群2と介入群3はナッジによる介入であり，介入群2には「現在の食生活を改善することが，あなたの健康につながります」（強調は引用者）というメッセージ，介入群3には，介入群2と同じ内容を，「現在の食生活を改善しなければ，健康リスクを負うかもし

7）　佐々木周作・大竹文雄（2018）「医療現場の行動経済学－意思決定のバイアスとナッジ」『行動経済学』11：pp. 110-120.

介入群2　利得フレームのナッジ・メッセージ

不健康な食生活は，悪玉コレステロールを増加させ，動脈硬化を引き起こす原因となります．
現在の食生活を改善することが，あなたの健康につながります．
リコピン高含有ミニトマトを毎日 10 個食べて悪玉コレステロールを減らしましょう．

介入群3　損失フレームのナッジ・メッセージ

不健康な食生活は，悪玉コレステロールを増加させ，動脈硬化を引き起こす原因となります．
現在の食生活を改善しなければ，健康リスクを負うかもしれません．
リコピン高含有ミニトマトを毎日 10 個食べて悪玉コレステロールを減らしましょう．

図 8-3　介入群のナッジ・メッセージ

れません」（同）と表現した（図 8-3 参照）．ここでは，介入群2を利得フレームのナッジ・メッセージ，介入群3を損失フレームのナッジ・メッセージと呼ぶ．行動経済学のフレーミング効果（用語解説を参照）では，同じ説明内容であったとしても，利得フレームで表現されるか，損失フレームで表現されるかによって，人々の選択行動が変化することを予測している．

　選択実験で得られたデータを統計的な手法を用いて分析した結果，以下のような知見が得られた．

　第 1 に，慣行栽培のミニトマトと比較して，有機栽培のミニトマトは 31.1 円，機能性表示のミニトマトは 35.7 円，支払意思額（消費者が支払っても良いと考える最高額）が高くなる．別途計測された慣行栽培のミニトマトの支払意思額が 157.3 円（1 パック 180g）であることから，有機栽培のミニトマトは 188.4 円（157.3 円＋31.1 円），機能性表示のミニトマトは 193.0 円（157.3

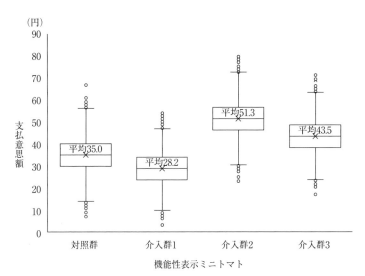

（円）

図中：平均35.0，平均28.2，平均51.3，平均43.5

対照群　　　介入群1　　　介入群2　　　介入群3

機能性表示ミニトマト

注：箱ひげ図は長方形の「箱」と「ひげ」と呼ばれる直線で構成される．ひげの下
　　側が最小値，ひげの上側が最大値，箱の中の横線は中央値（50％目のデータ），
　　×印は平均値を表している．

図 8-4　対象群，介入群の機能性表示ミニトマトに対する
　　　　　　支払意思額の分布

円＋35.7 円）と推定される．慣行栽培のミニトマトよりも有機栽
培や機能性表示のミニトマトの支払意思額が高いことは，有機農
産物，機能性表示農産物が差別化戦略に成功していることを意味
している．

　第 2 に，ナッジによる介入が機能性表示のミニトマトの支払意
思額を高めたことである．機能性表示ミニトマトの支払意思額
（図 8-4 参照）は，対照群の 35.0 円に対して，情報提供のみの介
入群 1 で 28.2 円，利得フレームナッジの介入群 2 で 51.3 円，損
失フレームナッジの介入群 3 で 43.5 円であり，利得フレームナ

ッジの介入群2のみ，対照群と統計的に有意な差があった．介入群1のような情報提供のみでは効果がなく，またナッジによっても介入の効果が異なり，利得フレームのナッジがより高い有効性を示したことが確認できる．

　以上の結果から導かれる含意は何であろうか．

　機能性表示農産物は確かに差別化戦略に成功していることである．機能性表示農産物と慣行栽培農産物の支払意思額の差35.7円であり，機能性農産物の生産に踏み切ることに値する価格プレミアムと考えられる．さらに，適切なナッジの介入を行うことで，機能性農産物の支払意思額を51.2円まで高めることができることも明らかになった．機能性表示農産物を単に生産するだけでなく，ナッジ・メッセージを付与したパッケージやPOP広告を工夫することが求められるだろう．

3.　食ビジネスの課題とこれから

　前節では，今後の食ビジネスを考える上で健康がキーワードとなることを考慮して，機能性表示農産物の購買行動について説明した．しかしながら，「賢い消費者」の関心は，健康的な食事を超えて持続可能な食事にまで広がっている．

　EAT-Lancet委員会（非営利団体EATと複数の財団がLancetと行った国際共同プロジェクト）では，2050年に約100億人に達するといわれている世界の人々に健康的な食事を提供し，持続可能な開発目標（SDGs）を達成するためには，持続可能なフードシステムによる健康的な食事への転換が必要であるとしている．このEAT-Lancet委員会が奨励している具体的な食事パターンに

よると，日本人の平均的な食品群別摂取状況は，多くの食品群で許容範囲内に収まっているが，卵や牛・豚肉に関しては摂取量が許容範囲を大きく上回っていると言う[8]．行き過ぎた食生活の洋風化・欧米化の影響と考えられる．ここで意味する食生活の洋風化・欧米化とは，穀類（日本の場合は米）の消費量が減少し，畜産物（肉類や乳卵類など）や油脂類の消費量が増加する現象を指す．経済成長にともなって，炭水化物の摂取比率が減少し，脂質の摂取比率が増加する現象は，国・地域を問わず世界的に観察される定型化された事実となっている．

　では，健康的で持続可能な食生活を実現するために，どのような方策が考えられるだろうか．重要な点は「未来の視座から考える」[9]であり，そのための手法として，バックキャスティングを紹介したい．

　バックキャスティングとは，最初に未来のあるべき姿を想定し，その未来を起点に逆算して現在を考える手法である[10]．バックキャスティングは現在の延長線上ではなく，解決のために大きな変化が必要な問題に対して有効とされている．一方で，バックキャスティングと対置されるフォアキャスティングは，現状分析や過去の統計・実績などのデータをもとに，未来を演繹的に予測する．フォアキャスティングを採用すると，現在の課題が制約となるため，現在とは全く異なる未来を描くことは困難となる．

　現在，バックキャスティングは，味の素やキリンビールなど，

8）　林芙美（2020）「Healthy diet を超えて Sustainable diet に注目が集まる国際的な研究動向」『フードシステム研究』27（3）：pp. 93-101
9）　下川哲（2021）『食べる経済学』大和書房．
10）　石田秀樹・古川柳蔵（2018）『正解のない難問を解決に導く バックキャスト思考』ワニ・プラス．

食ビジネス企業の長期ビジョン策定のために採用されている。「健康的で持続可能な食生活」のような長期にわたる行動を要する計画の策定にも，バックキャスティングを活用することで，未来の視座から考えた望ましい食のあり方が導かれるかもしれない。バックキャスティングを通じて，現在の食生活を見つめ直すきっかけを与えてくれるかもしれないのである。

用語解説

特定保健用食品（トクホ）と機能性表示食品：特定保健用食品（トクホ），機能性表示食品ともに保健機能食品であり，特定の保健効果が期待できる（健康の維持増進に役立つ）食品である。特定保健用食品は，健康増進法の前身である栄養改善法を根拠法として，1991年に制度化された。一方，機能性表示食品は，2015年に施行された食品表示法によって導入された。特定保健用食品と機能性表示食品の最大の違いは，国の審査の有無である。特定保健用食品は消費者庁長官が審査・許可したもののみ表示が可能となるが，機能性表示食品は事業者の責任のもと消費者庁長官に届け出を行うだけで表示することができる。

選択実験：選択実験は，属性の水準（属性の量的あるいは質的な値）が異なる複数の財の中から最も望ましいものを選択してもらい，属性別の評価額を統計的に推定する手法である。選択実験を行うことで，消費者がどの属性を重視しているのか，各属性に対してどのくらい支払っても良いと考えているか推定することができる。

フレーミング効果：フレーミング効果とは，同じ内容であっても表現方法が異なることで，人々の意思決定に変化が生じることを意味する。例えば，A「術後1か月の生存率は90％です。」という利得（ポジティブ）フレームでの表現と，B「術後1か月の死亡率は10％です。」という損失（ネガティブ）フレームでの表現では，同じ内容であっても，Bの場合には手術を受けたくないと感じること

から，行動変容が生じていると考える．

演習問題
問1（個別学習用）
自分の出身地域で生産されている農産物・食品（6次産業化商品）
を1つ取り上げ，その農産物・食品のもつ属性を5つ以上書き出し
てみよう．その上で，それぞれの属性が水平的属性と垂直的属性の
どちらに近いと考えられるか分類し，これらの属性をどのように強
調することで差別化が可能となるのか考えてみよう．

問2（個別学習用）
総務省統計局『家計調査年報』，農林水産省『食料需給表』，厚生労
働省『国民健康・栄養調査』などの統計資料を用いて，現代の食を
めぐる課題について考えてみよう．

問3（グループ学習用）
スーパーマーケットの店舗では商品陳列にどのような工夫がされて
いるか議論してみよう．その際，ナッジを適用した例がないか考え
てみよう．

問4（グループ学習用）
バックキャスティングの手法を用いて，すべての人が「健康的で持
続可能な食生活」を実現するためには，どのような方策が有効だろ
うか議論してみよう．

文献案内
**三宅秀道（2012）『新しい市場のつくりかた－明日のための「余談の
多い」経営学－』東洋経済新報社**
著者の三宅秀道氏は，中小企業を中心にこれまで1,000社近くの聞
き取りをしてきた経営学者である．そこから導き出した製品開発の
鍵は，資本や技術ではなく「文化の開発」にあると言う．すでにウ
ォシュレットを作る技術は存在したにもかかわらず，なぜエジソン
はウォシュレットを作れなかったのか．この問いに対して，著者は

「おしりだって，洗ってほしい」という文化が開発されていなかったからだと答える．このような事例を，本書は余談を交えて紹介する．食品メーカーの商品開発に興味のある学生はぜひ読んで欲しい．

大竹文雄（2019）『行動経済学の使い方』岩波書店

行動経済学のエッセンスと応用例を分かりやすく伝える好著．本章で詳しく触れることのできなかった行動経済学の基礎概念（プロスペクト理論，互恵性と利他性，現在バイアス，ヒューリスティックス等）を分かりやすく解説したうえで，ナッジの作り方，ナッジの実践例について紹介している．新書であるが内容は濃いため，行動経済学を学びたい学生は最初に読んで欲しい一冊である．

第 3 部　農業・農村編

第9章

世界農業の起源と多様性

暁　　剛

本章の課題と概要

　国連の推計によれば，世界の都市人口が農村人口を上まわった
のは，2007 年のことである．都市で暮らす人々は，自分の食料
を自らの手で生産しておらず，農業（土地を利用して植物を育て，
動物を飼養し，それらの生命活動から必要なものを得ること）に
携わる人々に依存している．人類は，はじめ狩猟採集を行ってい
たが，約 1 万年前から農耕牧畜への移行を開始したとされる．農
耕が始まると，徐々に食料生産が増加し，それが人口の増加につ
ながり，やがて人口が集中する都市が登場した．そして，都市生
活への道のりを歩んでいる．

　狩猟採集も農耕牧畜も衣食住に必要な生活物資を得ることであ
るが，生態系へのかかわり方に違いがある．稲村哲也（2014）
『遊牧・移牧・定牧』（ナカニシヤ出版）によれば，生態系の資源
を直接的に得る方式が漁労を含む狩猟採集である．生態系に手を
加えて大幅に改変し，効率のよい資源である作物を再生産するの
が農耕である．牧畜は，資源に乏しい，また農耕に不向きな生態
系を，家畜を介して間接的に利用する．本章の第 1 の課題は，農
耕と牧畜の起源について概観することにある．

173

世界には農耕のみを行う耕種農業地域もあれば，天然牧草のみに頼る牧畜を行う地域も存在し，農耕と牧畜を組み合わせた農業を行う地域も確認される．地理学では，農業に影響を与える自然条件（気候，地形，土壌など）と，社会条件（生産目的，市場への距離，資本・労働力，農業政策など）を基準に，農業を，「自給的農業」，「商業的農業」，「企業的農業」に分類する．本章の第2の課題は，主に地理学の概念に基づき，世界農業の多様性を示すことにある．なお，地理学では「商業的農業」と「企業的農業」は別の概念であるが，農業経済学では一般に「企業的農業」は「商業的農業」の一部と考えられているので注意を要する．

「企業的農業」は，高い国際競争力を誇る．しかし，大規模化・機械化した企業的穀物農業（穀作）は，限りある化石燃料に支えられている．多頭化した企業的牧畜（畜産）は，糞尿処理問題を抱えている．特定の農産物を大規模に生産して輸出するプランテーション農業は，国際価格の変動に大きく左右される．本章の第3の課題は，「企業的農業」に代表される近代農業の持続可能性について考えることにある．

本章では，以上3つの課題を通じて，皆さんに，多様な世界農業の全体像について，イメージを持ってもらいたい．

1. 農耕牧畜の起源

（1）世界の農耕文化

農耕の起源は植物の栽培化ないし作物化に関係し，牧畜の起源は動物の家畜化に関係する．日本においては，一般にいろいろな作物や家畜は世界のいたるところに起源地があるという多源説が

支持されている．例えば，梅棹忠夫（1976）『狩猟と遊牧の世界』（講談社），今西錦司（1993）『草原行・遊牧論そのほか』（講談社），佐藤洋一郎（2016）『食の人類史』（中央公論新社）などがあげられる．

　しかし，それらの起源地は，まったくばらばらに散らばっているのかというとそうでもない．中尾佐助（1966）『栽培植物と農耕の起源』（岩波書店）は，はじめて多源説を体系化し，これを4つの独立に発生した農耕文化として提示した（表9-1）．旧大陸に発生した根栽農耕文化，サバンナ農耕文化，地中海農耕文化のうち，根栽農耕文化がいちばん古い．ただし，多くのヨーロッパの学者は，一般に地中海農耕文化が人類最初の農業であるという単源説を疑わない．

　東南アジアで発生したイモ類を主とする根栽農耕文化は豚と鶏を家畜化し，雑穀を中心に西アフリカで発生したサバンナ農耕文化は動物を家畜化せず，ムギ類を中心に西アジアで発生した地中海農耕文化は牛，羊，山羊，馬，ロバを家畜化した．新大陸農耕文化の中心は，トウモロコシやジャガイモである．以下では，三

表9-1　中尾による世界の農耕文化

名称	発生地	栽培化した植物	家畜化した動物
根栽農耕文化	東南アジア	バナナ・ヤムイモ・タロイモ・サトウキビ	豚・鶏
サバンナ農耕文化	西アフリカ	ゴマ・ヒョウタン・シコクビエ・ササゲ	動物を家畜化せず
地中海農耕文化	西アジア	コムギ・テンサイ・エンドウ・オオムギ	牛・羊・山羊・馬・ロバ
新大陸農耕文化	新大陸	トウモロコシ・カボチャ・インゲン豆・ジャガイモ	記述なし

出所：中尾佐助（1966）『栽培植物と農耕の起源』（岩波書店），より作成.

大穀物（イネ，コムギ，トウモロコシ）と重要な食料であるジャガイモの起源と世界各地への伝播の過程について説明していく．

(2) イネとコムギ

サバンナ農耕文化は，乾燥した熱帯で夏のモンスーン雨季に生育した，禾本科の植物の穀粒を採集して食用とすることから始まった．それらの植物のなかで特にすぐれていて，人類によって水田で栽培されるようになった穀物がイネである．イネは，西アフリカと，インド東部の両方で別々に栽培化された．イネは，熱帯アジアのモンスーン気候地帯（水田）に適しているが，畑作でも栽培が可能である．アジアにおける陸稲は，イネというより，アワ，キビなどの雑穀と同じやり方で栽培される．

アジアイネは，インディカとジャポニカの2つの亜種からなるが，インディカの起源については，わかっていない．一方，ジャポニカについては中国の長江下流域が起源地とされている．日本で本格的な水田稲作が始まったのは，弥生時代である[1]．

世界の稲作地域は，東アジアから東南アジア，南アジアを中心に，アフリカ，中央アメリカ，南アメリカにかけて広がる．このほか，ヨーロッパの地中海沿岸，アメリカ合衆国の南部やカリフォルニア州，オーストラリアの南東部にも稲作地域がみられる．コメは主食として，日本などでは炊飯して食べることが多いが，めん類（ビーフン，フォーなど）で食べる国や地域も確認される．

地中海農耕文化の代表的な作物であるコムギは，パンやめん類として，世界中の人々に食べられている．西アジアで栽培化が始

---

[1] 根本圭介・大川泰一郎（2013）「イネ」今井勝・平沢正編『作物学』文永堂出版：pp. 17-44.

まったコムギは，その後アジアやヨーロッパ，新大陸など世界の各地に広まった．日本には弥生時代前期に，伝播したとされる．

コムギは，コメと比べて貿易量が多く，アジアでは主に「自給的農業」，ヨーロッパでは「商業的農業」，新大陸では「企業的農業」の作物として栽培されている．コムギには，秋に種をまいて翌年の夏に収穫する冬コムギと，春に種をまいて秋に収穫する春コムギがあるが，世界的には冬コムギが多い．日本でも冬コムギが多く，イネの裏作や転作として栽培される．春コムギは，ロシア，ウクライナ，中国東北部，アメリカ合衆国北部，北海道の一部などで確認される．

（3）トウモロコシとジャガイモ

新大陸農耕文化の代表的な作物であるトウモロコシは，現在のメキシコあたりで栽培化されたという説が有力である．そして，北上してアメリカ合衆国の南部，南下して南アメリカ大陸へ広がった．さらに，コロンブスの航海を経て，16世紀以降に，ヨーロッパやアフリカ，アジアなど世界の各地に広まった．日本には，16世紀末に伝播し，明治時代以降，本格的に普及した．中国に伝播したのは，16～17世紀頃である．

アメリカ合衆国は現在，世界最大のトウモロコシの生産国であり，世界最大の輸出国でもある．アイオワ州，イリノイ州，ネブラスカ州，ミネソタ州が生産量上位4州であり，これらの州を含む中西部のトウモロコシ主産地をコーンベルトとよぶ．コーンベルトでみられる大規模生産は，大型の農業機械，化学肥料，除草剤と殺虫剤の大量投入に大きく依存しているが，他方で，低コストでの生産を可能にした．安価なトウモロコシにより，それまで

草原を頼りにしていた肉牛は，集約的に肥育する方がコスト的に有利となった．そして，草原は開墾され，そこでもトウモロコシが栽培されている．

中国は現在，世界第2位のトウモロコシの生産国であるが，ほとんどが国内で消費されている．中国のトウモロコシの7割が，黒龍江省，吉林省，遼寧省，内モンゴル自治区，河北省，河南省，山東省などで生産されている．特に近年，内モンゴル自治区の東部地域では，大規模な草原開墾が行われ，トウモロコシが栽培されている．トウモロコシの生産増大に伴い，従来の天然牧草に頼る牧畜が「半農半牧畜」（用語解説を参照）へと転換した．

ブラジルとアルゼンチンも，現在では世界有数のトウモロコシの生産国である．特にブラジルは，トウモロコシとともに，ダイズの大規模生産がさかんである．ウクライナは，ヨーロッパの穀倉地帯ともよばれ，コムギやトウモロコシが大量に生産され，輸出も行われている．ウクライナ危機により，世界の穀物需給が逼迫し，価格が上昇すると考えられる．

世界のトウモロコシのほとんどが家畜と家禽の飼料，食品加工業（デンプン，糖類，油脂），食品以外の工業用品（食器類や雑貨類，ごみ袋，農業用資材），燃料（バイオエタノール）などに向けられ，食料として直接食べることは少ない．トウモロコシから作られる異性化糖は，今日では多くの飲食物に，砂糖にかわる甘味料として使用されている．このように，トウモロコシの用途は幅広く，万能穀物だといわれることもある．

新大陸農耕文化のもう1つの代表的な作物であるジャガイモは，アンデス山脈で栽培化された．16世紀にスペインに渡り，その後，ヨーロッパに広がった．18〜19世紀にかけて，ヨーロッパ

で人口が増加した理由の1つは，ジャガイモが主食になったことにある．ジャガイモは，アメリカ合衆国へは17世紀に，アフリカへは19世紀に伝播した．アジアでは，インドが最初で17世紀に，中国へは17〜18世紀に，日本へは17世紀に伝播した[2]．現在，ジャガイモの主産国は，中国，インド，ロシア，ウクライナ，アメリカ合衆国，ドイツなどである．

（4）農耕の変遷

以上をまとめると，異なる自然条件により発生したさまざまな栽培植物（作物）は，地球の各地に伝播していく．佐藤洋一郎（2016）『食の人類史』（中央公論新社）によれば，農耕の発展段階は4つある．農耕の第1段階は，「半栽培」「半家畜」（野生と作物ないし家畜の間の遺伝的な違いは大きくなく，多くの作物や家畜はまだ野生に戻ることができた）の段階であり，農業が誕生する前の段階にあたる．農耕の第2段階は，穀物農耕が始まった段階であり，これが農業の始まりとされる．

農耕の第3段階は，大航海時代とともに始まった．三大穀物が世界に普及し，地球規模で作物が栽培される．この段階の農耕は，ほとんど太陽光と水資源だけで，デンプンなどのエネルギーを生産しており，その意味では持続可能な農業であった．

農耕の第4段階は，化学肥料や農薬，化石燃料が大量に投入される農業の近代化によって幕を開けた．化学肥料は，単位面積あたりの収量を激増させたが，それは作物の生育に必要な窒素などの栄養分を，有機質の肥料を使った場合より，速やかに作物体内

---

2) 柏木純一（2013）「ジャガイモ」今井勝・平沢正編『作物学』文永堂出版：pp. 109-118.

に持ち込んだというだけのことである．その分，栄養分は土壌から速やかに失われるようになり，その失われた分をまた化学肥料が埋めている．

石油化学工業は，冷蔵・冷凍技術，包装技術，殺菌や保存技術，輸送の革新をもたらした．しかし，化石燃料は，いずれなくなるという意味で，持続可能なエネルギーではなく，またその使用は，二酸化炭素を増やすので，地球温暖化につながる．要するに，第3段階までの農耕は，エネルギー消費よりエネルギー生産の方が大きかったが，第4段階においては，エネルギー消費の方が大きい産業に変質してしまった．

ところで，人類が摂取するエネルギーのほとんどを三大穀物が支えていることを考えると，現代の農業では農耕が卓越している．牧畜も，天然牧草ではなく，農耕（農地で栽培された牧草や飼料作物）に支えられている．しかし，牧畜が一方的に農耕に依存しているのかというと，そうではない．家畜の糞尿は，堆肥として使えることから，地力維持や作物栽培に貢献している．このように，農耕と牧畜は，互いに関係しあいながら成り立っている．また，狩猟採集が押しのけられていることは確かであるが，絶滅したわけではない．現代社会の最大の狩猟は漁労である．野生鳥獣の狩猟や山菜採りなどの採集も生き残っている．

2. 世界農業の多様性

(1) 世界農業の地域的類型

アメリカ合衆国の地理学者ホイットルセイは，1936年に，作物と家畜の組み合わせ，作物栽培・家畜飼養の方法，労働・資本

投下の程度と収益性，生産物の仕向け先，住居・農業施設の状態という5つの指標および野外観察に基づき，世界の農業を13の地域に類型化した．

　日本の高校地理の教科書にあるのは，ホイットルセイの農業地域類型に修正を加えたもので，一般に12の類型に分けられている（表9-2）．ホイットルセイは，混合農業を商業的混合農業と自給的混合農業に分けて考えているが，高校教科書では混合農業を1つの類型として扱い，その商業的性格を強調している．

　ホイットルセイの農業地域類型は，20世紀前半に発表されたものであり，各地域の農業にはその後の工業化や都市化，交通や貿易の発展により変化した点も少なくないが，地理的特徴に規定されて変わらない点もある．例えば，アジア農業は商業的性格を強めたが，ホイットルセイが強調した労働集約的性格は現在も変わらない．その意味で，ホイットルセイの地域類型は，世界全体の農業の傾向をみる上で依然として有効であり，現在も広く用いられている．

　以下では，帝国書院編集部（2022）『新詳地理資料COMPLETE2022』（帝国書院）に基づき，12の農業地域類型について説明する．

(2) 自給的農業

　「自給的農業」は，農産物を主に自家消費するために生産する農業である．各地域の地形や土壌，気候などの自然条件に適応し，何世紀にもわたって，ほぼ同じ方法で続けられてきた．遊牧，焼畑農業，粗放的定住農業，集約的稲作農業，集約的畑作農業が含まれる．

表 9-2　世界農業の地域的類型

自給的農業	遊牧	乾燥地（中央アジア～モンゴル，北アフリカ～西アジア），高原（チベット高原やアンデス山脈），寒冷地（ユーラシア～北アメリカのツンドラ）
	焼畑農業	東南アジアの島嶼部と山間地域，コンゴ盆地とその周辺，アマゾン川流域
	粗放的定住農業	アフリカ中部，アンデス山脈
	集約的稲作農業	東アジア（日本，中国の華中・華南，韓国，台湾），南アジア（ガンジス川流域），東南アジア（メコン川・チャオプラヤ川・エーヤワディー川流域）
	集約的畑作農業	デカン高原，パンジャブ～インダス川流域，中国（華北・東北），ナイル川流域，ティグリス川・ユーフラテス川流域
商業的農業	混合農業	ヨーロッパのほぼ全域，アメリカ合衆国のコーンベルト，アルゼンチンの湿潤パンパ
	酪農	北ヨーロッパ，アルプス，アメリカ合衆国の五大湖周辺，オーストラリア，ニュージーランド
	園芸農業	オランダ，アメリカ合衆国北東部やフロリダ半島
	地中海式農業	地中海沿岸地域，アメリカ合衆国のカリフォルニア州，チリ中部，南アフリカ共和国南部
企業的農業	企業的穀物農業	アメリカ合衆国（プレーリー～グレートプレーンズ），カナダ（アルバータ州～マニトバ州にかけて），アルゼンチン（湿潤パンパ），オーストラリア南東部，ウクライナからロシア南西部
	企業的牧畜	アメリカ合衆国（グレートプレーンズ），ブラジル（セラード・カンポ），アルゼンチン（湿潤パンパ・乾燥パンパ），オーストラリア（西部・内陸部）
	プランテーション農業	中央アメリカ（太平洋沿岸・カリブ海沿岸），ブラジル，アフリカ（東岸），東南アジア（フィリピン・インドネシア・マレーシア）

出所：帝国書院編集部（2022）『新詳地理資料 COMPLETE 2022』（帝国書院），より作成.

　遊牧は，水と草を求めて家畜とともに移動する粗放的な牧畜である．牧畜には，遊牧に加え，「移牧と放牧」（用語解説を参照），舎飼いなどが含まれる．遊牧民は，衣食住のほか，燃料も家畜の

糞から得て，組み立てや片付けが容易なテントで暮らす．現在，世界各地において遊牧民の定住化政策が進められている．

焼畑農業は，植物を焼いた灰を肥料として利用する粗放的農業である．アワ，ヒエなどの雑穀や陸稲，キャッサバ，ヤムイモなどを栽培する．数年間耕作を行い，地力が衰えると耕作民は，ほかの地域へ移動し，その後長期間休閑する．ほぼ手入れをしないため土地生産性が非常に低い．近年，人口増加により定住化が進み，休閑期間の短期化もみられ，地力の消耗などの問題が起きている．粗放的定住農業は，耕地を数年ごとに移動するが，耕作民は一定の場所に定住する畑作農業である．粗放的定住農業，焼畑農業，遊牧に共通するのは，自然環境が厳しく，人口扶養力が低いことである．

集約的稲作農業は，モンスーンアジアの沖積平野や山間部の棚田などで行われている小規模経営主体の労働集約的な稲作農業である．世界のコメの約9割がこの地域で生産されている．すぐれた生産能力を持ち，世界で最も人口稠密な地域の食料を支える農業である．集約的畑作農業は，アジアの乾燥地域を中心に行われる小規模経営主体の労働集約的な畑作農業である．コムギ，ダイズ，綿花，ソルガムなどを栽培する．集約的畑作農業には，オアシス農業も含まれる．オアシス農業は，乾燥地域で，外来河川や地下水，湧水などの水で灌漑し，ぶどう，なつめやし，綿花，コムギなどを栽培する集約的農業である．

（3）商業的農業

「商業的農業」は，換金を目的とした穀物や果実，食肉・乳製品などを生産する農業である．都市化や工業化に伴い，農産物の

需要が高まったことが発達の理由である．混合農業，酪農，園芸農業，地中海式農業が含まれる．ヨーロッパからの移民が「商業的農業」を持ち込んだため，アメリカ合衆国を中心に新大陸にも分布している．

混合農業は，食用のムギ類（コムギ，ライムギ），根菜類（ジャガイモ，テンサイなど），飼料作物（オオムギ，エンバク，トウモロコシ，牧草）などの栽培と，肉用家畜（牛，豚など）の飼養を組み合わせた農業である．耕地を細かく区切って，放牧や輪作をすることで地力を維持している．

酪農は，飼料作物を栽培して乳牛を飼養し，牛乳や乳製品を生産する農業である．冷涼で大消費地に比較的近い地域で発達することが多い．輸送費の関係から，消費地に近いところでは牛乳として出荷され，比較的遠いところでは脱脂粉乳やバター，チーズに加工される場合が多い．

園芸農業は，高度な農業技術や多くの資本を投入して，野菜，果実，花卉などを集約的に栽培する農業である．都市への人口集中と生活水準の向上を背景に，混合農業から専門化して生まれた．鮮度が重視される作物が多いため，もともと都市近郊農業として発達したが，交通機関の発達とともに，都市から遠く離れた地域での輸送園芸もさかんになっている．

地中海式農業は，地中海沿岸など地中海性気候の地域で行われる．夏の乾季に強いオリーブやぶどう，オレンジ，レモンなどの柑橘類の栽培と，冬の雨季を利用したコムギの栽培，羊や山羊の飼養を組み合わせた農業である．南北アメリカ大陸では，特にぶどう，柑橘類などの生産が多い．また，ぶどうを利用したワインの生産もさかんである．

（4）企業的農業

「企業的農業」は，外部から調達した資本や労働力を積極的に投入し，商品価値の高い作物や家畜を大量に生産・販売して利潤を追求する農業である．経営規模は大きく，機械化も進んでいるため，労働生産性は著しく高い．企業的穀物農業，企業的牧畜，プランテーション農業が含まれる．

企業的穀物農業は，広大な耕地で，コンバインや飛行機を用いて，輸出向けのコムギやトウモロコシ，ダイズなどを大量に生産する農業である．土地生産性は低いが，少人数で大型機械を用いるため，労働生産性は高い．

企業的牧畜は，土地や資本を大規模に投入して効率的に経営する畜産である．冷凍船の普及や鉄道など交通機関の発達により，長距離の輸送が可能となるなど，市場から離れた地域での生産が飛躍的に拡大した．穀物飼料を投与して牛を効率的かつ大量に肥育する「フィードロット」（用語解説を参照）などが代表的である．

主に熱帯や亜熱帯などの地域でみられる大規模な企業的経営の農園のことをプランテーションという．そこで，現地の安価な労働力を用いて，輸出向けの商品作物を大量に生産する農業をプランテーション農業という．各国のプランテーション農業は，欧米による植民地支配の時代に始められた例が多いが，独立後に大農園を国有化したり，分割して自作農を育成したりした国もある．

3. 近代農業の持続可能性

持続可能性という観点から，近代農業が抱える問題を象徴する「企業的農業」は，西ヨーロッパの「商業的農業」が大規模化・

専門化したものである．「商業的農業」のもとは混合農業であり，混合農業は，穀物以外の農産物の需要が増えると，酪農，園芸農業に分化した．混合農業のもとは輪栽式農業，輪栽式農業のもとは三圃式農業，三圃式農業のもとは二圃式農業である．また，地中海式農業のもとも二圃式農業である．

二圃式農業は，地力維持のため，耕地を2つに分け，耕作と休閑を毎年交互に繰り返す農業である．古代の西ヨーロッパにおいて行われていた．要するに，人類は古代から，同じ場所で同じ作物をつくり続けると，土地がやせてしまうということに気づいていたわけである．

中世（10世紀頃）に入ると，3年2作の三圃式農業が行われるようになる．三圃式農業は，耕地を冬作地，夏作地，休閑地（放牧）に分け，ローテーションで耕作する農業である．休閑地には地力維持のため家畜を放牧し，その糞尿で地力の回復をはかった．二圃式農業より耕地の利用率が高まり，土地生産性は向上した．

二圃式農業と三圃式農業に共通する休閑の目的は，地力維持であるが，雑草防除と保水効果をもかねる．雑草が繁茂すると，土地の栄養分が吸われるので，その分，作物の栄養分が減少し，収量が下がる．また，雑草の種が混ざり作物の質が下がるため，雑草の対策が重要である．

しかし，休閑地を設ける農業は，当然のことながら土地生産性は低い．18世紀に入ると，イギリスで，三圃式農業の休閑がなくなり，地力を回復させる効果のあるマメ科のクローバーやカブなどの飼料作物を導入した．これがいわゆるノーフォーク農法であり，やがて輪栽式農業として西ヨーロッパに広まった．

輪栽式農業により飼料資源が増大し，それが畜産の発展につな

がり混合農業が成立した．混合農業において，家畜の糞尿による堆肥は飼料カブに養分を供給し，クローバーは根粒菌による空中窒素の固定作用によってコムギに窒素を補給し，好適な肥沃条件をつくり出す．その後，農業機械が登場して規模拡大が進み，化学肥料や農薬の利用も普及したが，19世紀までにできあがった輪栽式農業による地力維持は，「企業的農業」には受け継がれていない．

　企業的穀物農業は，専門化・機械化により生産が一時的に発展したとしても，それは決して持続的なものではない．なぜなら，地力低下のみならず，連作障害や病害虫の発生などの問題が伴うからである．病害虫は雑草と同様に作物が必要とする栄養分を吸収し，作物の葉や茎を食べることも多く，病気を運ぶ場合もある．栄養分は肥料を施すことでまかなうことができるが，病害虫は殺菌が必要となる．農薬による土壌消毒は，作物の成長に役立つ土壌微生物や土壌動物たちも殺してしまう上に，生産者の健康も脅かされ，農業生産自体の破壊がもたらされる．

　また，企業的穀物農業が頼りにしている主なエネルギーは，化石燃料であり，その使用量も伝統的な農業を大きく上まわる．例えば，伝統的な手作業によるフィリピンの稲作とアメリカ合衆国の現代的稲作を比較すると，単位面積あたりの収量ではアメリカ合衆国の現代的稲作はフィリピンの伝統的稲作の4.6倍となるが，エネルギー投入量で比較すると375倍消費しており，単位収量あたりのエネルギー投入量では80倍になる．同様にトウモロコシの栽培についても，アメリカ合衆国の現代的農法は，メキシコの伝統的農法に比べて単位面積あたりの収量は5.4倍となるが，174倍のエネルギーを消費しており，単位収量あたりのエネルギ

ー投入量は 32.8 倍になるという[3].

　多頭化した企業的牧畜は，毎日大量の糞尿を排出するので，農地に還元することは困難である．例えば，牛 1 頭の糞尿の量は，人間 50 人分にあたるほどであり，5,000 頭の牛の肥育牧場は 25 万人の都市に匹敵する糞尿を処理しなければならない[4]．糞尿の処理は，エネルギーを必要とする上に，適切な処理がなされなければ，臭気，地下水や河川の汚染などの環境問題を引き起こす．

　プランテーション農業は現地の労働力を大量に雇用している．サトウキビ，バナナ，油やし，コーヒー，カカオ，茶，綿花，天然ゴムなど特定の商品作物が主要な輸出品となっているモノカルチャー経済の国々では，国際価格の低迷が失業者増加という社会問題を引き起こすのみならず，その国の経済全体に打撃を与えるという問題もある．また，単作化は気候変動の影響を受けやすい．

　以上をまとめると，「企業的農業」に代表される近代農業は，いろいろな方面から地球環境に重くのしかかる．今のままのスタイルでは，環境的にも経済的にも社会的にも持続することは難しい．安価な食料は都市に暮らす人々の家計には優しいが，持続性が立ちゆかなければ，供給への影響も避けられない．環境と農業，都市と農村の調和はまだみえない．

用語解説

半農半牧畜：定住放牧（定住地を拠点とする季節的な放牧や昼間のみの放牧）による牧畜（主に牛や羊）と耕種農業（主にトウモロコシや雑豆）を両立させた農業．半農半牧畜は，中国内モンゴル自治区

---

3)　佐合隆一（2017）「農業の歴史と農法」『自然農法』(76)：pp. 4-11.
4)　荏開津典生・鈴木宣弘（2020）『農業経済学［第 5 版］』岩波書店.

の東部地域における代表的な農業形態であり，耕種農業が牧畜にトウモロコシの実や茎葉などの飼料を供給し，牧畜が耕種農業に堆肥を供給して地力を維持するなど，持続可能性のある農業といえる．定農定牧，農牧複合と称されることもある．近年の半農半牧畜は，商業的性格を強めている．

移牧：チベット高原やアンデス山脈などの高原にみられる垂直移動が移牧とされる．乾燥地（中央アジア，モンゴル，西アジア，北アフリカ）や寒冷地（北極海沿岸のツンドラ）にみられる水平移動が遊牧とされる．遊牧の典型は水平的で不規則な移動，移牧の典型は垂直的で規則的な（季節的な）移動であるが，移牧も不規則な移動をするケースがあり，遊牧も規則的な移動をすることがある．遊牧と移牧の間に境界線は引きにくく，両者は排他的なものではなく，連続的なものである．

放牧：定住を前提とし，家畜を放牧地に放し飼いにすること．放牧の形態には，ある一定期間に限る時間制限放牧，1日を通じて放牧する昼夜放牧，1年中放牧する年間放牧などがある．一般に過放牧防止のため，一定期間ごとに放牧地を循環させる．例えば，筆者の専門とする内モンゴル自治区の草原地域（中部と，東部の大興安嶺山脈の西側に広がる高原地帯）では，草原を採草地（草の質がいい）と放牧地に分け，基本的に毎日家畜を放牧地に放し，夜は畜舎に戻して干し草（刈りとった牧草）や濃厚飼料を食べさせる．採草地では放牧を行わず牧草をとる．

フィードロット：アメリカ合衆国に多くみられる肉牛肥育場．肉牛の飼養は，子牛の生産・育成を行う繁殖経営と，子牛を肉牛として出荷するまで育成する肥育経営に大別される．粗飼料で育てられた生後11〜15か月ほどの牛を，5〜6か月間，濃厚飼料を与えて集中的に肥育するのがフィードロットである．従来はトウモロコシ生産地帯に多かったが，近年は西部の草原地帯が中心となっている．その効率的な生産は高い競争力を生んでいる．

問1（個別学習用）

世界の農耕文化の起源地は，いくつかある．本章の内容に基づき，列挙してみよう．

問2（個別学習用）

「自給的農業」，「商業的農業」，「企業的農業」のメリットとデメリットを，それぞれ列挙してみよう．

問3（グループ学習用）

アメリカ合衆国や中国では，草原が開墾され，トウモロコシの栽培が拡大した．その理由について考えてみよう．

問4（グループ学習用）

近年，遊牧や焼畑農業をやめて都市に出てくる人が増えている．その理由について考えてみよう．

文献案内

梅棹忠夫（1998）『文明の生態史観』中央公論社

明治維新以降の日本は西洋化したのではない．西欧の近代文明とは別個に「平行進化」を遂げたのだ．東と西，アジア対ヨーロッパという習慣的な座標軸のなかで捉えられてきた世界史に新たな視点（比較文明学の発想）を導入し，大きな反響を呼んだ．日本を，ヨーロッパからではなく，アジアからみたらどうみえるかを語ってくれる．

ジャン＝ポール・シャルヴェ（2020）『地図とデータで見る農業の世界ハンドブック』（太田佐絵子訳）原書房

農業が本質的に自らの食糧を生産することに変わりはないが，その一方で，国内外の市場に向けられたものもある．農業は気候変動の原因にも，被害者にもなっているが，この気候変動にも適応していかなければならない．どのような農業で世界を養うのか．世界の農業について，地図を利用して体系的に伝えてくれる．

第10章
農業政策の展開と日本農業の持続可能性

橋 口 卓 也

本章の課題と概要

　日本農業の危機的状況や問題点を示すものとして，よく話題になるのが，食料自給率の低迷，規模が小さく生産性が低いこと，農業労働力の高齢化，耕作放棄地の増加，…といった事象である．皆さんも，各種の情報に接する中で，同じような認識を持っているのではないだろうか．それでは，このような状況は，いつ頃から認識されてきたのだろうか．

　1957 年の農林省編『農林白書－農林水産業の現状と問題点』では日本農業の「5 つの赤信号」として，①農家所得の低さ，②食糧供給力の低さ，③国際競争力の弱さ，④兼業化の進行，⑤農業就業構造の劣弱化，を指摘している．現在の問題点と似通っているが，60 数年も前から，このようなことが言われていたことに驚く人もいるかもしれない．

　本章では，以上のことを念頭におきながら，まず戦後日本の農業政策の展開を駆け足で振り返ってみよう．次に，上記のような問題点が，いかなる状況になっているのかを確認する．そして，その背景を探りつつ，日本農業の持続可能性と条件について考察したい．

1. 戦後日本の農業政策の軌跡

(1) 農地改革と食糧増産政策の転換

第2次世界大戦後の農業政策展開の起点として，極めて重要だったのは農地改革である．農村の貧困問題を解決し，農業生産力を回復させることが主な目的だった．そのために，耕す者が農地を所有すべきという自作農主義に基づき，農地を小作農に譲り渡して自作農にした．そのような改革の成果を持続させる目的で，1952年には農地法が制定された．

農地改革は食糧増産に重要な役割を果たした．加えて，政府が農家からコメを買い取る際の価格を引き上げるといった増産政策もとられた．しかし，1954年には早くも方向転換が図られた．日本はアメリカとMSA（日米相互防衛援助）協定を結び，多くの農産物を安価に輸入できることになり，国内での増産の必要性が薄まったのである．

(2) 農業基本法の展望と帰結

1950年代後半は第1次高度経済成長と呼ばれる好景気の時代であったが，食糧増産政策の転換は，農家経済を悪化させていた．所得が上昇して潤う都市労働者と農民との関係は「農工間格差」という，社会全体の深刻な問題と認識された．背景には農業の生産性の低さがあるとされ，その解消のために1961年に農業基本法がつくられた．農業基本法は，経済成長が続けば離農して他産業で働く人が増え，残った農家が農地を集めて規模拡大を図る「構造改善」が実現し，生産性が向上し所得も増えるだろうと見

通していた．その後押しのために，各地の農村で「農業構造改善事業」（用語解説を参照）が実施された．

　加えて，重要な政策の柱が「選択的拡大」であった．経済成長で国民生活が豊かになれば消費も伸びるであろう，という作物や分野に注力するというものである．しかし，裏返して言えば，コメを除く穀物などは海外にほぼ全面的に依存するということでもあり，実際に農産物の輸入自由化が広く行われ，「加工型畜産」（用語解説を参照）が進展した．

　また，高度経済成長は，農地を道路や工場用地，住宅地へと変える転用を促し，農地価格の上昇を招いた．自作農主義に従えば，農地を買って規模拡大をしなければならず，しかし経済的に割に合わなくなった（田代洋一（2012）『農業・食料問題入門』：p. 52）．構造改善が難しくなり，その代わりに兼業化が進行した．高度経済成長を支えた工業部門の発達は，農業の機械化や化学肥料・農薬の普及にも貢献した．これは，農作業時間の減少につながり，兼業で農業ができる素地ともなった．

（3）第2次高度経済成長と基本法農政の転機

　1960年代後半には第2次高度経済成長と呼ばれる再度の好景気期にあったが，1970年には『総合農政の推進について』という政策文書が閣議決定され，基本法農政は転機を迎えた．農地の貸借によっても構造改善が進むよう，農地法が改正された．自作農主義が修正されたのである．また，離農志向者の引退環境を整える農業者年金制度も創設された．

　コメ過剰対策も重要な内容であった．選択的拡大路線下で，穀物の中で唯一の例外扱いのコメは，農家から政府が買い取る際の

価格が引き上げられてきた．結果，農家の所得向上に貢献したが，価格引き下げに転じた．また，コメ全量を政府が買い取る原則を変え，JAなどの集荷団体が卸売業者に直接販売する自主流通米制度が新設された．さらに政府がコメを買い取る量を抑制し，実質的に作付を制限する生産調整政策（減反）が始まった．

ただし，このような政策転換の一方で「貿易政策との調和」も掲げられた．農産物輸入自由化路線は引き続き維持され，コメに代わる作物の生産拡大の余地はほとんどなかった．

（4）国際情勢の変化と新政策

農業基本法は高度経済成長を背景に制定され，その中で転換を迫られたが，その高度経済成長も終焉が訪れた．1971年のアメリカドルと金の交換停止（ドルショック）に端を発した円高化，1973年の原油価格高騰（オイルショック）は，安価な原油を使った重化学工業展開と円安を背景とした輸出拡大という，高度経済成長の2つの基盤を失わせ，財政危機に陥る．

その後，国を挙げて財政危機を救うための方策が議論されるが，「3K（米，国鉄，健康保険）赤字」という言葉に象徴されるように，農業が過保護ゆえに財政が厳しくなっているという論調が強まってきた．また，主要貿易国のアメリカからも，アメリカの貿易赤字解消のために農産物輸入への圧力が強まってきていた．1985年にはドル安に誘導する「プラザ合意」が結ばれ，実際に急激な円高が進んだものの貿易不均衡は解消せず，そのような中，牛肉とオレンジの輸入自由化（数量制限の撤廃）が合意された．

第2次世界大戦後に貿易自由化を目指してつくられたGATT（関税と貿易に関する一般協定）では，その総仕上げの位置づけ

として，1986年にウルグアイ・ラウンド（UR）が開始された．URでは，残されてきた農産物の関税化が大きな焦点となった．同年の『前川レポート（国際協調のための経済構造調整研究会報告書）』は，日本経済の方向性を誘導する重要な政策文書であるが，農業や農産物について「市場メカニズムの活用」「輸入の拡大」「合理化・効率化」が謳われている．それに呼応するかのように出された，同じく1986年の農政審議会報告の副題は「農業生産性の向上と合理的な農産物価格を目指して」とされ，国際競争の激化を意識して農産物価格の低下を志向していた．

1992年には「新しい食料・農業・農村政策の方向」（新政策）という政策文書が出された．UR実質的妥結の前年であるが，対応する政策の方向性を示したものと言える．

（5）UR妥結と新基本法制定

1993年末には，URが実質的に妥結した．日本農業にとって焦点のコメは，当面の関税化を猶予される代わりにミニマムアクセスとして消費量の一定割合を義務的に輸入しなければならないとされた．このような大きな情勢の変化を受け，1995年には食糧管理法（食管法）が廃止され，新たに食糧法が施行された．戦時中の1942年に制定された食管法は食糧の安定確保のため，コメを国が買い取ることを基本としていた．国の関与は徐々に薄まってきてはいたが，法律自体が廃止となったのである．以後のコメ流通や価格形成は原則として市場に任せることになる．

UR合意の結果，1995年にはGATTを発展的に解消してWTO（世界貿易機関）が発足した．WTO農業協定は，加盟国の農業政策の枠組みをも定めている．そして1999年には，新し

く食料・農業・農村基本法が制定された．ただし40年弱の間，ずっと農業基本法が大きな力を発揮し続けてきたかと問われればそうでもない．1970年には既に転換を迫られ，その後も農業政策は揺れ動いてきた．さらに1992年の新政策によって，国際情勢の変化に対応した内容は既に示されていた．同じ看板のまま中身は変わり，ついには看板をも替える事態に至ったのである．

新基本法は，もっぱら農民の所得向上を謳った旧基本法とは異なり「食料」「農村」をも位置付け，枠組み自体が大きく異なる．ただし，農業のみで十分な所得がえられるような経営を理想像とする考え方には変化がないとも言える．旧基本法では「自立経営農家」という言葉が使われたが，新基本法では新政策で導入された「効率的かつ安定的な農業経営」が目標として掲げられた．

(6) 新基本法制定後の政策展開

新基本法制定の際に論点となり，同法で実施が決定づけられた施策の1つが，2000年からの中山間地域等直接支払制度である．これは，条件の悪い農地を管理する者に交付金を支出する仕組みであり，WTO農業協定に合致した手法を採用している．

直接支払政策は「農産物価格を介しない財政からの生産者への直接の所得移転」と説明される．"直接"という言葉には"間接でない"という含意がある．それまでの主流であった農産物価格支持政策は，価格を制御することによって生産者への支援を果たしていた．つまり農産物を通じて"間接"に生産者支援を行っていたという理解である．デ・カップリングという用語も同義的に使われるが，直訳すると"結びつけない"ないし"切り離す"という意味であり，特に農産物の生産量と支援の金額を関連づけな

いうことを意味している．価格支持政策では農産物の生産量と生産者への支援額が連動するので，同じ農地面積から多くの農産物を収穫することに注力しがちである．その結果の農産物過剰問題に欧米諸国は悩まされており，UR の背景でもあった．

ただし，日本においては自給率向上も政策の看板に掲げられており，日本でデ・カップリングを追求するのは，農業政策の重要点と矛盾する要素をはらんでいる．実際，2006 年からは「経営安定所得対策」が実施されているが，直接支払政策としての性格を備えてはいるが，生産拡大を促す要素も盛り込まれている．

また，2007 年には同様に直接支払政策の一類型と位置づけられる環境支払いに該当する施策も開始されている．これは，化学肥料・農薬の使用量を減らすことによる労働時間の増加や収量の減少を補うという考えに拠っている．このように，新基本法制定以後，WTO 農業協定を念頭においた政策展開がみられる．

2. 「5 つの赤信号」の動向と現在

以上，戦後日本の農業政策の展開を非常に駆け足で見てきたが，「5 つの赤信号」として警鐘が鳴らされた事態は，その後どのようになったのであろうか．

まず「①農家所得の低さ」についてみてみよう．図 10-1 のように，他産業従事世帯を 100 とした場合の農家の世帯員 1 人当たり所得は，1950 年代は 100 を下回り，しかも低下傾向にあった．まさに農工間格差が問題とされた時期である．1961 年の農業基本法制定の頃が最低で，その後は上昇に転じ 1972 年には 100 を超えた．その後も上昇は続き，1970 年代後半以降は概ね 115 前

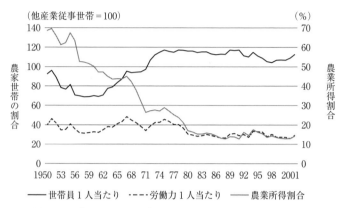

（他産業従事世帯＝100）

農家世帯の割合

農業所得割合

```
——— 世帯員1人当たり  ---- 労働力1人当たり  ——— 農業所得割合
```

出所：農林水産省「農家経済調査」「農業経営統計調査」及び，総務省「家計調査」
　　　より作成．

注：1)　世帯員1人当たり所得は，「農家総所得」と他産業従事世帯の「実収入」を
　　　　元にしたもの．すなわち兼業所得等も含む．労働者1人当たり所得は，「農業
　　　　所得」と「勤め先収入」を元にしたもの．すなわち，農家にとっての農業に
　　　　よる所得と他産業従事世帯の勤務先からの収入に限定したものである．
　　2)　農家総所得のデータについて，2003年までしか調査がなされていない．

図10-1　農家と他産業従事世帯の所得比較

後の水準にある．つまり農工間格差は解消され，むしろ農家の所
得の方が多いと理解される．一方，労働力1人当たりで見ると，
ずっと概ね25〜40の水準にあり，世帯員1人当たりと比べて，
かなり低い．この乖離の理由は農業所得割合の低下にある．1950
年頃に70％程度であった農業所得割合は減少が続き，1980年以
降は20％を下回っている．つまり農家といえども，農業以外の
所得割合が増え続けてきた．すなわち「兼業化」が，このような
結果をもたらしたのである．これは5つの赤信号の中の「④兼業
化の進行」が，その後どうなったかについての回答でもある．
　次に「②食糧供給力の低さ」について確認しよう．「食糧」と

書いた場合には，主要な穀物類を指す場合が多い．他方「食料」は，食べ物全般を指し，加工農産物を含む場合もある．以下では，両者をみてみよう．「供給力」をどう解釈するかも重要ではあるが，問われていたのは輸入依存ということであった．そこで「自給率」を中心に，その変化に注目してみたい．

　図10-2では，3つの自給率を示している．よく「日本の食料自給率は40％を切っている」といって紹介されるのは「A 総合食料自給率（供給熱量ベース）」である．これは，家畜の飼料を海外から輸入した場合，その肉などは国産として扱わない前提で算出される．1960年の約80％から減少傾向をたどり，1990年代後半からは40％前後で推移している．「B 穀物自給率」は一番低い水準で，近年は30％弱しかない．「C 主食用穀物自給率」も減少してきたが，近年は60％程度である．これらは，日本農業の実態と政策の結果を反映したものと言える．すなわち，AやBが低いのは，農業基本法の選択的拡大路線下で，コメ以外の穀物類の生産拡大をあきらめ，家畜の飼料も海外に頼った結果である．Cが比較的高いのは，ガット UR 合意までコメの輸入を実質的に閉ざし，その後もミニマムアクセスとして少量の輸入に留め，かつ1999年の関税化後も高い関税を課しているからである．

　上記の自給率による指標は，仮に国内生産量が同じでも，人口が増加し，その消費分を海外から輸入すれば低下する．今でこそ人口減少社会と言われるが，2007年までは日本でも人口は増加していた．そこで，まさに食料全体の「供給力」という観点から，日本農業の，いわば"実力"を示すのが「D 総供給熱量」である．1960年を100とした指数で示したが，近年は60強の水準であり，Aの低下度合いと比べれば，その低下度は小さい．

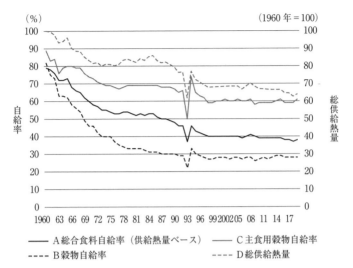

（%）　　　　　　　　　　　　　　　　　　　　（1960 年 = 100）

自給率

総供給熱量

1960 63 66 69 72 75 78 81 84 87 90 93 96 99 2002 05 08 11 14 17

——— A 総合食料自給率（供給熱量ベース）　　　——— C 主食用穀物自給率

‐‐‐‐ B 穀物自給率　　　　　　　　　　　　‐‐‐‐ D 総供給熱量

出所：農林水産省「食料需給表」「耕地及び作付面積統計」，総務省「人口推計」より作成．

注：1993 年の数値の落ち込みは，コメが平年の 4 分の 3 弱しか収穫できなかった「平成大不作」の実態を反映したものである．

図 10-2　食料自給率と総供給熱量の推移

　さらに図 10-3 によって，農業生産の基盤となる「a 農地面積」の推移も含めて考察を加えたい．都市的土地利用に伴う転用に加えて耕作放棄が進み，減少の一途を辿って，1960 年を 100 とした指数で 70 強の水準にまで落ち込んでいる．ただし図 10-2 で日本農業の供給力の "実力" として示した「D 総供給熱量」よりは低下の度合いが小さい．つまり持てる能力全てを発揮すれば，もっと D を向上させることができるはずである．その背景を説明するのが「b 耕地利用率」の著しい低下であり，特に 1960 年代の落ち込みが激しい．これも選択的拡大路線の結果であり，当

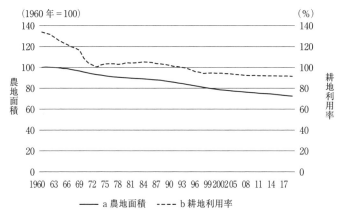

出所：農林水産省「耕地及び作付面積統計」より作成.

図 10-3 耕地面積と耕地利用率の推移

時，裏作の麦類の生産面積が大きく減少した．どんな作物をつくるのかは，基本的には生産者が決めることではあるが，大元となる政策を反映したものだと言える．なお，b は近年 100％を切っており，何も作付けされない農地が増えている．

　続いて「③国際競争力の弱さ」について見ていきたい．1957年当時は海外の農産物に対して国産品の価格が高いことが指摘されていた．農産物価格の国際比較は，様々な条件が絡んで難しいことを前提としつつ，図 10-4 では，小麦を例に比較している．国産小麦が 1980 年代前半まで上昇してきたのに対し，輸入小麦は 1974 年をピークにして，その後低下傾向にあり，2008 年に特に高価格だったのを除いて，概ね 100kg 当たり 2,500 円程度と安定している．国産も 1988 年以降は，概ね低下傾向にあるが，近年でも 15,000 円程度であり，その差は大きい．ただし，輸入品

は為替レートの影響も受ける．そこで，約50年間の為替レートの平均に近い1ドル＝150円で換算すると，輸入小麦価格は，むしろ上昇傾向にあることも分かる．主題の日本農業の国際競争力の弱さについては，その背景に生産性の低さがあり，経営規模が小さいことが原因とされる．同じく図10-4で示したように，国産小麦価格の基になる生産費の調査対象農家の小麦作付面積は拡大してきている．それでもなお，価格低下には限界があり，輸入品との差が依然として大きいことを再度確認しておきたい．

最後に「⑤農業就業構造の劣弱化」についてである．具体的には，「短時間就業化，老齢化，女性化」という点が指摘されていたが，女性割合が高いことを否定的に捉えていたのは，現代から

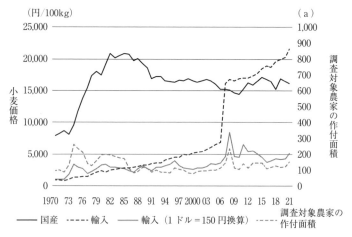

出所：財務省「貿易統計」，農林水産省「農産物生産費統計」「作物統計」より作成．
注：国産価格は，面積当たり生産費を平年単収で除したもの（収穫量の変動を均すため）．輸入価格は，日本の輸入実績による（CIF＝運賃保険料込み条件価格）．

図10-4 小麦価格の国際比較

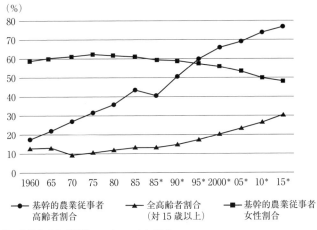

（％）

出所：農林水産省「農業センサス」より作成.

注：1) 1960 年と 1965 年は 60 歳以上，1970 年以降は 65 歳以上が高齢者.
2) 基幹的従事者について，1985 年は総農家（自給的農家を含む）と販売農家
の数値の 2 つを示し，1990 年以降は販売農家の数値（＊付の年次）.

図 10-5　基幹的農業従事者の高齢者割合と女性割合

すれば違和感がある．現代ほど機械化が進展していなかった当時
は，屈強な人が農業を担うという前提が強かったのだろう．

　図 10-5 は，「基幹的農業従事者」の中の高齢者割合と，それと
の比較として 15 歳以上人口に対する全高齢者割合，そして基幹
的農業従事者の女性割合を示したものである．基幹的農業従事者
の高齢者割合は著しく高く，年々上昇している．これは，農家に
は定年退職がないことも反映してはいるが，80％に近い数値であ
る．女性割合は 1975 年までは増加していたが，それ以降は減少
傾向にある．当時の認識からすると良い傾向かもしれないが，女
性が家業としての農業に縛られなくなったという側面も考慮して
理解する必要があるだろう．

3. 日本農業の持続性の展望

かつて提起された「5つの赤信号」について，その後の動向を見てきた．一部は様相が異なるが大方は変わらず，今も赤信号のままだと言わざるをえない．これを，これまでの政策展開の結果だと認識するならば，旧来の政策の延長では，当然，今後も赤信号が灯りっぱなしのままと予想できる．それでは，どのような条件があれば，事態を転換できるのであろうか．以下では，近年の新規就農者の動向，「半農半 X」（用語解説を参照）への注目，有機農業の位置づけが高められようとしていること，の3点に絞りつつ，政策転換の萌芽と位置づけて，その内容をみていきたい．

そもそも皆さんの，農業という産業あるいは職業に対する印象はどのようなものだろうか．人類の生存に直結する重要な産業であり，自然を相手にしながら生命の成長を実感できる，やりがいのある仕事だと肯定的に思っている人も多いかもしれない．しかし以前は，農業は3K（きつい，汚い，危険）の代名詞のような仕事と思われていた．また近年まで，第2次世界大戦の戦禍が残る中で，やむをえず農業を選択した「昭和1桁世代」が分厚く存在していた．さらには，古い家族意識を背景に，自ら主体的に選択するのではなく消極的に家業の農業を継ぐという傾向もあった．

しかし，このような状況は過去のものとなりつつある．図10-6 は，近年の新規就農者の中で農業法人などに雇用される人と全体に占める割合，また新しく農業経営を始める人，さらに，それぞれの 49 歳以下の割合を示したものである．変動はあるものの，全体として雇用されて農業に従事する人が増加し，新規就

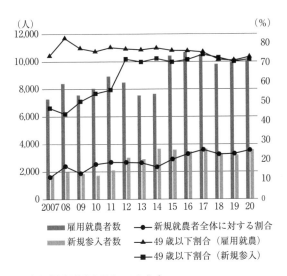

（人）　　　　　　　　　　　　　　　　　　　（%）

出所：農林水産省「新規就農者調査」より作成.

図 10-6　新規就農者の近年の動向

農に占める割合が徐々に高まってきていること，その中では 49 歳以下が高い水準にあることが分かる．そして，新規に農業経営を始める人も増加しつつあり，加えて 49 歳以下の割合は，相当高まってきたことが示されている．49 歳を基準とするのは，意外と高齢だと思われるかもしれないが，これは 2012 年から始まった「青年就農交付金」が 49 歳以下を対象としているためであり，この制度の効果をも示していると見ることができる．

　1999 年に制定された食料・農業・農村基本法では基本計画策定を義務付け，5 年毎に見直すこととしている．2020 年の基本計画では，「半農半 X」の増加を目指すことも謳われており，農業基本法以来一貫して追求されてきた農業は専業で営むべきという

考えからの変化が反映されている点が注目される．2009年まで
の農地法では農地を購入や借入の場合の下限面積を設定し，小規
模で農業を営むことをよしとしていなかったが，その要件が緩和
され，2022年に撤廃されたことともつながる．

2021年には，農林水産省が「みどりの食料システム戦略」を
策定し，2022年には法制化も行われた．農業の生産力向上と持
続可能性の両方を実現するとしているが，2050年までに有機農
業の面積を農地全体の25％である100万haまで増やすという壮
大な目標が掲げられている．これまでは，農薬や化学肥料の多投
という現実もあった．真逆とまでは言えないが，これまでとはか
なり違った方向性が指向されようとしていると言えよう．

このような変化を踏まえつつ，日本農業の持続性を助けるため
に必要と考えられるのが政策の安定性や持続性ということである．
メディアでは「猫の目農政」という表現が多用される．短期に内
容が二転三転することを批判的に表現したものである．

作物の多くは，1年に1回しか生産できない．また，持続性を
担保する地力向上や農業生産基盤の整備には長い年月がかかる．
仮想空間で超短期に大きな金銭が動くような世界とは異なり，農
業には，とりわけ長期的視点が求められる．かつては「農政に与
野党なし」（元農林水産省幹部の言葉による）とも言われたが，産
業全体の中での農業の比重低下の一方，選挙制度の変化の中で，
近年は目先の農政の行方が，必ずしも望ましくない意味で焦点化
している側面も見られる．一方，農業政策は他の政策とも密接な
関わりがある．よって，農業政策を単独で論じるのでなく，時に
社会全体を見渡した上での評価も求められる．

重要なのは，猫の目農政という表面的な批判に留まらず，なぜ

猫の目になってしまったのか，ならざるをえなかったのか，その背景の理解とともに，日本農業の持続性を担保できる方策の発案が求められている．

用語解説

農業構造改善事業：農業基本法の理念を実現して，規模を拡大した少数の農家が効率的に農業を営めるよう，圃場整備（農地の区画を大きく整形にし，併せて幅広い農道や用排水を整備する），大型機械導入，共同集出荷施設建設などが一体的に実施され，「モデル農村」の建設が進められた．これらは「農業構造改善事業」として実施され補助金が支出された．1999 年の新基本法制定以後は，同様のものが「経営構造対策事業」として実施されている．

加工型畜産：もともとの畜産は，近傍の農地で生産した飼料を家畜に与えて育て，排泄物を有機肥料として農地に還元するという資源循環の一翼を担っていた．しかし，農業基本法による選択的拡大路線の下，家畜の飼養という狭い意味での畜産は振興するものの，飼料はもっぱら海外に依存する形態をとり，「加工型畜産」と呼ばれる．生産地も集中していく中で，多くの家畜の排泄物を還元するほどの農地は近傍になく，浄化処理にも相当な費用がかけられている．

半農半 X：近年注目を集め，2020 年の食料・農業・農村基本計画にも登場する概念であるが，基本計画では，単に「農業と他の仕事を組み合わせた働き方」と述べている．しかし，この説明では，これまでの「兼業」概念と変わらない．「半農半 X」の重要性を訴えてきた論者の意図を汲めば，本来は農業にも他の仕事にも使命感と積極性を見いだす新たな生活様式と位置づけられよう．

演習問題

問 1（個別学習用）

よく「豪州の農業経営の規模は日本の千倍もあるので，日本農業は

とても太刀打ちできない」といった説明がなされる．実際のデータを調べて自分の意見を整理せよ．

問2（個別学習用）

北海道とそれ以外の都府県の農業経営の規模は大きく異なっている．その背景について，過去からの経緯や実際のデータなども吟味した上で考察しなさい．

問3（グループ学習用）

いわゆる中山間地域など条件不利地域において農業が営まれることの意味について考え，その必要性の有無を，賛成，反対の立場の意見を交えて討論をせよ．

問4（グループ学習用）

農業政策の変化が他の分野の政策にどのような影響を及ぼす可能性があるか，逆に他の政策が農業政策にどのような影響を及ぼすか，いろいろな意見を出して討論をせよ．

文献案内

生源寺眞一（2011）『日本農業の真実』筑摩書房

新書版であるが，農業政策の展開過程のみならず，食料事情の変化なども含めて，非常に多くの要素が圧縮して盛り込まれている．政策への関与度が深かった著者の色々な思いが抑制的な表現ながら多く記されていて興味深い．大学生であれば，1〜2年次に1度読んだうえ，さらにもう1度，3〜4年次に読み返してみれば，その含蓄の意味に驚くかもしれない．

田代洋一（2012）『農業・食料問題入門』大月書店

農業政策に対して，批判的で鋭い論評を行うことで定評のある著者による．「入門」とはなっているが，深く理解するには少し難解かもしれない．本章の1.の記述は同著に負うところが大きい．農業政策が，いかに政治経済の動向に左右され翻弄されてきたかが理解できるだろう．図表が多用され資料的価値も高いので，大学生なら卒論制作にも役立つだろう．

第11章

農業における家族経営の重要性

竹 本 田 持

本章の課題と概要

　農業は，私たちが生きるために不可欠の食を供給するとともに，生活環境の確保，地域社会の維持などにも関わり，そこに農業を担う，あるいは関わる人や組織が存在している．一方で，動植物の生命現象を利用することから，私たちの都合で思うように生産をコントロールすることは難しい．

　産業としての農業では，化学化，機械化，施設化などが進み，IT 技術の高度化や精緻化による篤農家・熟練者の技術やノウハウの見える化，作業の自動化などスマート農業の普及も図られてきた．また，財務や労務などの管理論，マーケティング論やリーダー論などの研究が深まり，それらが適用される規模の大きな経営体も増えてきている．

　一方，農業の多くは家族を単位として行われてきた．大規模ショッピングセンター，コンビニや飲食チェーンの興隆とともに衰退してしまった個人商店と同じように，農業における家族経営も姿を消していくのだろうか．しかし，農業の特質からすれば，これからも家族経営は重要な経営形態であると思われるし，それは以前から指摘されてきたことでもある．本章では，家族経営が今

後も存続し，そのことが私たちの暮らしを持続的にするという立場から，今に繋がると思われるこれまでの議論も参考としつつ，家族経営への理解を深めたい．

1. 農業のあり方が変わってきた

農業とは，土地を利用して植物を育て，動物を飼養し，それらの生命活動から必要なものを得ることであり，基本的には「生業」すなわち「生きるための業」（なりわい）として行われてきた．しかし，その内容は変化してきている．

第1は「土地を利用して」という部分である．農業における土地は，広さ・空間だけを意味するのではなく「土」と密接不可分であった．この場合の「土」は，土質や土中の微生物，周辺の環境なども意味している．ところが，養液栽培や植物工場のような技術が導入されると，広さ・空間以外の土地の役割が縮小ないし不要になる場合がある．

第2は「植物を育て，動物を飼養し」の部分である．植物と動物とを切り離して読めば，前者は耕種農業，後者は畜産業となるが，畜産業にとって不可欠の飼料を自給する場合は耕種農業とも関わりがある．ところが，購入飼料中心で家畜飼養に特化した畜産は耕種農業と分断しており，以前よりこの傾向が強かったわが国の畜産は，飼料を畜産物に変えるという意味で「加工型畜産」と称されることもある．

第3は「生業」の部分である．本来，生業とは暮らしや生活に直結し，基本的には家族を単位に取り組まれ，その基盤には家族が暮らす地域（集落）がある．忙しい時期の「結」（ゆい）や「手間替

え」などの対応は，地域内における家族間の相互依存とみることができるだろう．これに対して，利潤を求める企業経営は生業ではないし，家族の枠を超えた雇用労働主体の大規模な企業的経営には生業のイメージとは異なるものもあり，他産業からの農業参入もあるから，農業＝生業と単純化できなくなっている．

第4に，農業を担う人々が高齢化と後継者不在の状況で急激に減少している．また，生産の基盤となる土地（農地）が，都市化によって他の用途に転用され，一方で過疎化や鳥獣害を受けて荒れてしまうなどして徐々に狭められてきた．結果として，存亡の危機に直面する地域社会（コミュニティ）もある．

そして近年，地球温暖化の影響などから気象条件が不安定化し，異常気象とされる事象が頻発している．異常気象とは30年に1回起こる程度の珍しい気象とされるが，もはや「異常」が当たり前のようになってきた．なお，農業は気象条件を含む自然環境の影響を強く受けるが，逆に自然環境へ負荷を与える面があることにも目を向けておく必要があろう．具体的には化学肥料や化学農薬，化石燃料の多用，また水田や牛から発生するメタンガスなどへの指摘もある．

2. 農業経営のかたち

経営には，個人で行う，家族を単位とする，複数の家族のまとまりを単位とする，あるいは集落を単位とするなど，さまざまなかたちがある．何らかの事業を趣味や余暇活動ではなく経済活動として行うのは，生活の糧を得るためであり，経済的成果，端的には生活するお金を稼ぐためである．

また，家族や地域を前提とせず，出資者によって設立された組織が行う経営もある．この場合には，出資した人たちの生活を維持するとともに，組織が存続するための収益を求めることも必要である．一般に，こうした組織を「企業」と呼び，民間出資による私企業の他，国や地方公共団体による公企業，公と民の出資による公私混合企業があり，さらに私企業は営利を求める営利企業，求めない非営利企業にわけられる．

　なお，企業は法人化することで会社等になるが，通常は最初から法人として設立されるので，非法人から法人へという法人化は意識されにくい．しかし農業経営の場合には，家族経営はもちろんのこと，複数の家族や集落単位の経営でも，最初から法人であることが少ないために法人化が話題とされてきた．法人化した農業経営には，株式会社，合同会社，合名会社，合資会社，そして組合法人としての農事組合法人があり，次節でみるように家族経営にも法人化するものがある．

　ところで，国連は2014年を「世界家族農業年（International Year of Family Farming）」とし，家族農業は，①開発途上国，先進国を問わず，食料生産分野の大部分を担う農業形態であり，②伝統的な食料生産物を絶やさないように保護すると同時に，バランスの取れた食事に寄与し，世界の農業生物多様性と自然資源の持続的利用を保全している，③社会保護やコミュニティの福利を目的とした特定の政策と結びついた時，地域経済を押し上げる機会をもたらすとした（国連食糧農業機関FAOリーフレット「家族農業を営む人々—人々を養い，地球にやさしく」2014年）．さらに，2017年の国連総会において2019-28年を「家族農業の10年」と定め，家族農業が果たす役割を再認識し，関連する政策やプログ

ラム，行事などを展開している．

　農林水産省の資料によれば，わが国だけでなく，EU やアメリカの農業経営体のほとんどが家族経営体である（表 11-1）．なお，定義は国によって異なるが，わが国の家族経営体数は，2020 年農林業センサスの「個人経営体」（個人（世帯）で事業を行う経営体．法人化して事業を行う経営体は含まない．）で示されている．

3.　家族経営とは

　ここまで家族経営と繰り返し述べてきたが，家族経営の簡潔な定義はないとされている．日本農業経営学会は「規模と企業形態の観点から家族経営を捉えていくこと」を課題の 1 つとして，2011 年と 2012 年にシンポジウムを行った（文献案内参照）．座長の 1 人であった盛田清秀氏の学説史的な論考を参考にして，概括

表 11-1　農業経営体に占める家族経営体の割合

日本	EU （Family Farms）	米国 （Family Farms）
96.4%（2020 年） （1,037／1,076 千戸）	95.2%（2016 年） （9,956／10,465 千戸）	95.9%（2017 年） （1,960／2,043 千戸）

原注（出所）：
　日本：農林水産省「2020 年農林業センサス」．
　EU：Agriculture statistics-family farming in the EU（EUROSTAT，2019 年
　　　10 月公表）．
　米国：Family Farms-National Agricultural Statistics（USDA，2021 年 1 月公
　　　表）．
引用：農林水産省：国連「家族農業の 10 年」（2019-28）．
　　　https://www.maff.go.jp/j/kokusai/kokusei/kanren_sesaku/FAO/undecade_
　　　family_farming.html

的に家族経営の特徴をみると，①経営者とその家族の労働，家族名義の土地や資金を基礎にしていること，②経営上の判断を経営者あるいは家族とともに行うこと，③発生する経営リスクの多くを家族が負うこと，④不足する雇用労働や土地，資金の借り入れを組み合わせる場合でも家族が中心であること，そして⑤主たる目的が家計の維持であること，などに整理できる．

　家族経営は，経営と家計が未分離であり，未分離だからこそ後に述べるような経営の柔軟性を持っているが，土地や資金の借り入れや雇用労働力が多くなると，経営を家計から切り離して法人化することが好都合であろう．そうした法人経営は家族経営だろうか．たとえば，従業員を抱えて法人化している町工場は，外形的にも経理・書類面で分離していても，経営者一家の生活を守ることと会社組織を維持することを，経営者が一体的に意識して不可分であれば家族経営と理解でき，それは農業経営においても同様である．

　ここで，わが国の家族農業経営の状況を農家数によって確認しておこう．図11-1のとおり，農家数は2000年から2020年の20年間に44％減少した．このうち販売農家数は56％減少して半数以下になっているが，自給的農家数が8％減とほぼ横ばいであるため，農家数全体としては半減弱で踏みとどまっている．とはいえ，このままのトレンドでは，あと20年で販売農家はいなくなってしまう．一方，2000年から2020年の農業総産出額は横ばいで推移している．総産出額には価格要因と生産要因があり，品目ごとの検討も必要だが，農家数の減少を農家以外の事業体の増加や残った農家の経営規模拡大などでカバーしてきたとみることができる．

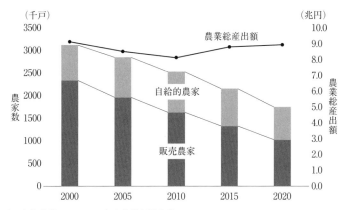

注：各年農業センサス，生産農業所得統計．
（※）農家：経営耕地面積が 10a 以上の農業を営む世帯または農産物販売金額が年間
　　　　15 万円以上ある世帯
　　うち販売農家：経営耕地面積 30a 以上または農産物販売金額が年間 50 万円以
　　　　　　　　　上の農家
　　　　自給的農家：経営耕地面積が 30a 未満かつ農産物販売金額が年間 50 万円
　　　　　　　　　　未満の農家

図 11-1　販売農家数，自給的農家数，および農業総産出額の推移

　また，農業経営体が 2010 年の 167.9 万経営体から 2020 年の
107.6 万経営体と 10 年間で 4 割近く減少したことと対照的に，法
人化した経営体数は 3 割増加して 31,000 経営体となり，集落営
農も 15,000 ほどのうち 4 割近くが法人化するなど，着実に法人
化が進んでいる．さらに，企業の農業参入も 10 年間に 4 倍近く
の約 3,700 社となっている．とはいえ，これらが経営体数に占め
る割合は数パーセントに過ぎない．

　一方で，『令和 3 年度食料・農業・農村白書』によれば，2020
年における担い手への農地利用集積面積は 254 万 ha，農地集積
率は 58.0％となっている（担い手への農地利用集積面積・農地集

積率は，認定農業者，認定新規就農者，基本構想水準到達者，集落営農経営への集積面積を合計して算出されている－同白書による）．農林水産省が目標とする集積率には達していないものの，わが国の農地の6割近くを担い手が利用するようになっていることにも注目しておきたい．

4. 経営を引き継ぐ

家族経営は，家族内に経営を継ぐ人がいなければ存続しない．古い言葉でいう「惣領」がいない場合，養子をとらなければ家は途絶えてしまうが，次世代の家族員がいても経営の「あととり」（後継者）でなければ経営は続かない．

同族企業などで，子供が経営を継ぐことはあるし，以前は財閥のように家と資本が結びついた形態もあった．商店や町工場では後継者がいないために廃業せざるを得ない例も多く，「事業承継は家族内の問題という考えから，適切な専門家の相談を受けられずに，ひとり悩んでいる中小企業経営者も少なくありません」という事態を受けて，中小企業庁は「事業承継ガイドライン」（2016年12月策定，2022年3月改訂）を作成した．

同ガイドラインによれば，事業承継で引き継がれるものは図11-2に示すように「人（経営）」＝「後継者への経営権」の承継，「資産」＝「事業を行うために必要な資産（設備や不動産などの事業用資産，債権，債務であり，株式会社であれば会社所有の事業用資産を包含する自社株式である）」の承継，そして「知的資産」＝「従来の貸借対照表上に記載されている資産以外の無形の資産であり，企業における競争力の源泉である，人材，技術，技能，

人（経営）の承継	資産の承継
・経営権	・株式 ・事業用資産 　（設備・不動産等） ・資金 　（運転資金・借入等）
知的資産の承継	
・経営理念　・従業員の技術や技能　・ノウハウ ・経営者の信用　・取引先との人脈　・顧客情報 ・知的財産権（特許等）　・許認可 等	

出所：中小企業庁「事業承継ガイドライン（第3版）」
2022年，p. 29.

図 11-2　事業承継の構成要素

知的財産（特許・ブランドなど），組織力，経営理念，顧客との
ネットワークなど，財務諸表には表れてこない目に見えにくい経
営資源の総称」の承継である．このうち，家族経営の場合には
「資産」は経営者個人名義の場合も多く，経営の承継と相続が一
緒になることもある．

　農業経営の場合はどうだろうか．農林水産省では経営継承を
「農地や機械・設備等の有形資産とともに，技術・ノウハウ・人
脈等の無形資産を次の世代に引き継いでいくこと」（同省ホームペ
ージ）とし，パンフレット「円滑な経営継承のために（個人版）」
「同（法人版）」（2019年）を公表している．

　なお，中小企業庁では「承継」，農林水産省では「継承」を使
っているが，承継について『2017年版中小企業白書』は「『事業
承継』という言葉には明確な定義があるわけではなく，『後継者
確保』と捉えている者もいれば，『相続税の問題』と捉えている
者もおり，受け取る者によって意味合いが異なる」としている．

言葉の意味としては，「承継」は「前の代からのものを受け継ぐこと．継承．」，一方「継承」は「前代の人の身分・仕事・財産などを受け継ぐこと．承継．」となっていて同義である（『大辞泉』）．

中小企業では，創業家による同族での承継割合は徐々に低下して内部昇格や外部招聘が増えており，「親族外承継が事業承継の有力な選択肢となっている」（『2020 年版中小企業白書』）のに対して，農業では子供が96.4％，子以外の親族が1.8％と親族でほとんどを占めている（「令和2年度食料・農林水産業・農山漁村に関する意識調査－農業経営の継承に関する意識・意向調査結果」）．農業経営では，引き継ぐ「資産」のうち事業用資産に相当する土地（農地）が大きな存在であることが理由であろう．土地（農地）は，基本的な生産手段であるとともに「家産（家の財産）」だからである．実際に，「後継者に継承したい資産（複数回答）」によれば，農地94.8％，施設・機械等の有形資産86.4％に対して，生産技術・ノウハウは61.0％，販路は37.9％にとどまっている（同）．

家産としての土地（農地）は引き継がれても，それを利用する経営が引き継がれなければ，使われない農地が増えてしまう．そうならないためには，別の経営体が借地等により引き継ぐ，集落を単位とする集落営農組織をつくる，農協が出資して組織をつくって引き継ぐ，農業に参入してきた企業が担うなどの対応が考えられることになる．上述した担い手への農地集積は，こうした状況からも進むことになる．

5.　農業と経営の間の矛盾

本章において，家族経営を中心に検討しているのは，大規模な

経営や企業的な経営と並んで，高齢者のみの小さな農家を含む家族経営が，これからの農業の持続性を考えるときに不可欠の存在だと思うからである．

　先にみたように，国連は家族経営を農業の主たる担い手と位置づけ，その重要性を「世界家族農業年」「家族農業の10年」として広く訴え，わが国では2015年に小農学会が設立された．小農学会の設立メンバーである萬田正治氏は，農業には「産業としての農業（産業農業）」と「暮らしとしての農（生活農業）」があり，「農家の多くは家族を養うため，小さな農地を守って他産業で働くかたちで生き延びている」，そして「戦後の農政への抵抗と知恵の証しが小さな家族農家と兼業農家の存在である」としている（萬田正治・山下惣一監修，小農学会編著（2019）『新しい小農〜その歩み・営み・強み〜』創森社：pp. 1-2）．

　「経営」とは「努力してやりやすくする（manage）」ことであり，以前は「大陸経営」や「戦後経営」のような公的ないし非営利的な目的に用いられることが多かったが，現在では「営利的，経済的目的のために設置された組織体を管理運営すること」を意味している（下谷政弘（2014）『経済学用語考』日本経済評論社：p. 80）．ここから，農業経営とは農業経営体という企業を営利目的のために管理運営することと定義できるが，農業とこうした意味での経営は簡単に結びつくのだろうか．

　1961年に農業基本法が制定され，それによって進められた農業構造改善，農業近代化に対して疑問を抱いた人が少なからず存在した．その1人である守田志郎氏は，農業経営を大きくして資本家的な経営にする，あるいは農業を企業化するということは誤りではないかと疑問を呈し，資本家的な経営，企業化というのは

工業において実現してきたのであり，「農業は農業なのだ．農業は工業ではないし，工業のようになることもできないし，工業にちかいものになることもできないのだ．」（守田志郎（1971）『農業は農業である－近代化論の策略－』農山漁村文化協会：p.161）と述べた．また，工業のようになってしまったら，農業も資本と労働が分離し，対立してしまうことも指摘した．すなわち，生活と密着した農業が基本的なかたちなのであり，工業のような合理化，規模拡大，企業化は，農業の論理とは異なると主張した．

　古く中国の農書『農政全書』をもとに書かれた宮崎安貞『農業全書』は，農業者は自身の「分限」をわきまえて，その内端（少なめ）に耕作することを良しとして，それを超過した規模にすることを戒めた．それは，労働集約的な「東アジアないし日本の農業の特長を的確にとらえ」ることで，無理な経営規模の拡大をするより，経営内容を充実させる方が良いとの指摘であった（飯沼二郎（1976）『近世農書に学ぶ』NHKブックス：p.112）．

　また安達生恒氏は，農業の近代化とは資源・エネルギー浪費型の農法，農業経営規模の拡大，産地形成，市場流通機構再編であり，それを一言でいうならば伝統的複合経営の否定と農業の工業化であると整理した（安達生恒（1983）『日本農業の選択』有斐閣選書．p.25）．

　こうした「農業近代化の条件は，広大な土地と優秀な労働手段を所有するところの少数の企業的農民がおればこと足りる」から「農業における近代化とは小農が農業から追い落とされることを意味し」，規模拡大や専門化などによって産業としての農業を育成することが主たる流れであったのである（津野幸人（1991）『小農本論－だれが地球を守ったか－』農文協：p.2および130）．この方

向は一面としては正しく，農業の経営的発展を実現したが，農業に適する小さな経営も大切にすべきであろう（小農については，秋津元輝編（2019）『小農復権【年報】村落社会研究 55）』農文協に詳しい）．

6．経済的な持続性，技術的な持続性

「農業とは土づくり」とされる．土地は労働対象であるとともに労働手段として機能し，作物に対する人間の働きかけは間接的なものとなるからである．堆肥などの有機物を施用した場合，土中の微生物による分解と化学的反応を経て植物に吸収される．それに対して根から吸収されるものを直接供給するような，土を必要としない栽培方法－たとえば養液栽培など－が開発された．すなわち「一般に技術の進歩・生産力の発展は，労働対象である自然を克服する度合いの深化」として現れる（小林茂（1988）『農業が土を離れるとき』成文堂選書：p. 49）．

土から離れないにしても，働きかけを少しでも簡便にして，作物生育をコントロールするため，即効性をもった化学肥料を使うことが増えていく．こうした変化は，農業に関わる人々を豊かにし，農業の持続性を確保することに繋がったのだろうか．ちなみにブリンクマン（Theodor Brinkmann）は，「物質補償の法則」から自然科学的知識に重きをおいたリービッヒ（Justus von Liebig）の出現を「農業経済学の発展のために最も不運というべきこと」と批判し（大槻正男訳（1969）「ドイツ農業経済学史」『ブリンクマン農業経営経済学』地球社：pp. 197-199），またリービッヒらが植物が必要とする主要な物質を明らかにしたことによってつくられた化

学肥料（人造肥料）について，ハワード（Albert G. Howard）は「人造肥料が土壌の生命を漸次損傷しつつあることは，農業と人類とにふりかかった最大の災害の1つである」と述べて，化学的な物質だけではなく土がもつ総合的な力に注目した（山路健訳（1985）『A.G. ハワード農業聖典』日本経済評論社：p.249）．ただし，土から取り去ったものを補償することについて，リービッヒが深く洞察していたことには注目しておく必要がある（椎名重明（1978）『農学の思想－マルクスとリービッヒ－』東京大学出版会参照）

　さて，私たちの作物への関わりが土を介した間接的なものだからこそ，気象変動や病害虫などのリスクが土によって緩和されることで安定的な生産ができるとはいえないだろうか．とすれば，作物の生育を直接的にコントロールしようとした結果，微生物等を含む土の役割，機能の重要性を軽視してきたのではないか．リスクが小さい時の収穫量（目に見える地力）は高まっても，実際の地力が低下することでリスクを緩和する力が弱まっていれば，経営の不安定性は増してしまうことになる．

　収益向上による経済的な持続性の確保と，化学肥料などでコントロールする技術的な持続性が同じ方向にあった時代は良かったが，現在では必ずしも同じ方向にはない．また，直接的にコントロールするには，自然の力に依存するよりも多くのエネルギーを必要とする．小農が注目されるのも，家族経営が重視されるのも，そして農林水産省が持続的な食料システムの構築のため「調達，生産，加工・流通，消費の各段階の取組とカーボンニュートラル等の環境負荷軽減のイノベーションを推進」する「みどりの食料システム戦略」を策定したのも，経済的な持続性と技術的な持続性との不一致が背景にあるといえよう．

7. 家族経営の評価と展望：なぜ強靱なのか

　自然，そして生物（動植物や微生物など）の「いのち」に謙虚に向き合うことで農業は営々と続いてきたし，それを担う家族も同様であった．謙虚に向き合うことを，不安定な自然のリズム，生物のリズムに合わせることと理解すれば，それは毎日決まった時間に働き，決まった休日があり，という働き方や生活のリズムとは必ずしも一致しない．一方，家族とは一定のルールのもとで反復的に時を過ごすだけではない．家族の構成員はヒトという生物であり，病気もする，歳もとる，仲の良い時もあれば喧嘩も仲違いもする，誕生もあれば死もある．つまり組織としてみれば，不安定性を内包しており，それが柔軟性に繋がっているともいえる．

　少し極端な見方をすれば，自然や生物のリズムと家族のリズムの不安定性が，逆に安定性をもたらしていると考えることはできないだろうか．いま，地球温暖化，地震や集中豪雨などによる自然災害，そしてパンデミックなど，暮らしに影響を与える変化が起きており，計画通り，計算通りにいかない状況になってきた．これには各種データの蓄積・解析等による的確な対応も有効だろうが，一方で柔軟な家族経営による入念な土づくりやきめ細かい生育管理，そしてアナログ的なコツや勘が，不安定性を若干でも緩和できるのではないか．

　家族経営は，他者からの命令や束縛を受けることなく自由に計画・活動できる，関連して自己判断で働き続けることができる（定年がない），収益性が悪化した場合には貯蓄を崩したり生活を

切り詰めたりという対応をとって経営の存続を図ることも可能，家族であるがゆえに気持ちが通じて分担や協業を行いやすい，自家用の農産物を確保できる，などの理由から強靱性があるとされてきた．自由な計画や活動，家族のライフサイクル，生活の切り詰めなど，いずれもそれ自体は不安定的であるが，その結果として柔軟で折れにくく強靱なのである．さらにわが国の家族経営は，年金を含む複数の収入源によって生活を維持することで，「1円でも多く利益をあげる」ということとは異なる考えを持ちながら存続してきたように思う．もちろんそれは，農家の所得が少なくても良いということを意味しているのではない．

　こうした家族農業を「経営」として把握できるのか，企業の経営という立場からみれば疑問，いや論外かもしれない．企業的な農業経営は今後も増えていくであろうし，一方で家族経営の減少は避けられない．しかし，農業総生産出額や農地面積に占める企業的経営の存在が徐々に大きくなっても，柔軟で強靱な家族経営は身の丈に合った農業生産を行い，地域社会を支える存在であり続けよう．そこには集落営農のような，地域を単位とした取り組みも含まれる．小規模ないし零細規模ながらも農業とともに生きていく家族経営は，企業的な経営とともに「農業経営」の1つのかたちである．

用語解説

農家の分類：農家を一括りにして理解することは難しいので，世帯における所得構成から区分した専業農家，第一種兼業農家，第二種兼業農家という専兼別分類が長く使われてきた．しかし，高齢者のみの専業農家が増えるなど実態を正確に示さなくなったことから，

1995 年センサスから主業農家，準主業農家，副業的農家という区分が併用されるようになり，2020 年センサスでは専兼別分類は把握されなくなった.

会社：営利企業のうち法人化しているものが「会社」であり，株式会社，合名会社，合資会社，合同会社の 4 つの形態がある（2006 年の会社法）．合同会社とは，アメリカの LLC（Limited Liability Company）を参考に，会社法と同時に規定された持分会社で，設立手続きが簡素化されるなどのメリットがあり近年設立が増えつつある．なお，会社法制定以前に設立された有限会社は実質的には株式会社となり，名称に有限会社を使うことができる特例有限会社となった．日本農業法人協会『2020 年版農業法人白書』によると，農業法人のうち株式会社 38.2％，特例有限会社 45.6％，農事組合法人 14.1％，合同会社 1.1％，その他 1.0％となっている.

土壌の複雑性：土とは単に土壌鉱物だけではなく，そこに生息する数多く（1g の土壌に 100 万とも 1,000 万ともいわれる）の微生物や小動物，さらに植物の根や腐植などが複雑に絡み合い，連鎖，分解，酸化や溶脱が行われている．私たち人間の内臓での微生物の働きと関係させながら明らかにした D. モンゴメリー，A. ビクレー著，片岡夏実訳『土と内臓－微生物がつくる世界』築地書館，2016 年などが参考になる.

演習問題

問 1（個別学習用）
農業経営を主題として，あるいは重要な舞台として扱った小説や映画は少なからず存在する．どのようなものがあるか調べ，読書あるいは視聴してみよう.

問 2（個別学習用）
本章では家族経営が今後も大切な存在だとしたが，残念ながらわが国では急速に減少している．家族農業が存続する条件について，聞き取り調査なども参考にしながら考えてみよう.

問3（グループ学習用）

　企業的な農業経営の特徴，小規模な家族経営の特徴を調べる立場に分かれて，両者の長所や短所を議論してみよう．

問4（グループ学習用）

　化学肥料や化学農薬はすべてが悪いわけではなく，農業生産の現場では必要不可欠といわれることも多い．持続的な農業における化学肥料や化学農薬の必要性，あるいは留意すべきことは何か，議論してみよう．

文献案内

日本農業経営学会編（2014）『農業経営の規模と企業形態』農林統計出版

　本書は，日本農業経営学会の 2011 年度と 2012 年度の大会シンポジウムの報告を中心に取りまとめた論文集である．第Ⅰ部は「規模問題」，第Ⅱ部は「企業形態論」となっており，家族経営についても多角的に議論している．

守田志郎（1971）『農業は農業である－近代化論の策略－』農山漁村文化協会

　ヨーロッパ視察をきっかけに，わが国の農業近代化を推し進める立場でもあったことを反省しつつ書かれた本書は，いまから半世紀前のものであるが，同氏の以後の多くの著書とともに農業とは何か，どうあるべきかを考えるヒントが平易に述べられており，読む側の気持ちを引き付ける．

補章

農業への企業参入

古 田 恒 平

本章の課題と概要

　私たちに馴染みある企業が，ここ20年ほどの間に続々と農業へ参入している．イオンのような生鮮食品を扱う小売業や，プレナス（ほっともっと，やよい軒の運営企業）など農作物を調理する中食・外食関連企業の参入は，農業との結びつきもあって分かりやすい．しかし，JRや小田急電鉄，四国電力，三井不動産など，一見すると農業と関わりのない企業までもが，農作物を生産しているのである．また，地方に目を向ければ，地場の土木建設業が農業へ参入する事例も珍しくない．

　こうした農業へ参入する企業に対しては，大きく2つの見方がある．1つは，効率的な農業経営によって，日本農業の国際競争力を高めて耕作放棄地も解消する，救世主としての企業である．もう1つは，短期的な利潤を優先することで，農地の適切な利用や農村の調和を乱す危険な存在としての企業である．これほど極端な表現ではないが，現行の基本法の制定に向けて提出された「食料・農業・農村基本問題調査会答申」（1998年）においても，株式会社の「利点」と「懸念」として両論が併記されている．いずれの見方も完全に否定することは難しいと思う．

実はこれらの見方は，参入企業と家族農業が対立した図式となっている点で共通している．前者は家族農業に置き換わるものとして，後者は家族農業に害を及ぼすものとして，参入企業が捉えられている．素直にこの図式に従えば，企業と家族農業のいずれを優先するかという議論になりやすい．

　では，これからの農業を誰が担うのかを考えるとき，企業と家族農業のいずれかを選択せざるを得ないのだろうか．本章では，現場の実践に学ぶことを通じて，むしろ企業と家族農業が補完し合って併存する可能性について考えてみたい．

　以下では，まず企業参入の現状を確認する．そして筆者や先行研究における事例調査を紹介しながら，企業と家族農業を対立させる図式から脱却する方向へ議論を展開したい．そして，その議論の枠組みが，担い手の多様化をめぐる議論の系譜に位置づけられることを論じる．

1.　農業への企業参入の現状

　農業への企業参入と一口に言っても，実は様々な参入の仕方がある．ここでは，企業が直接農地を借りて営農する場合をみていきたい．なぜならば，2009 年に行われた規制緩和によって，企業による農地の借り入れがほぼ全面的に解禁され，この方式による参入が注目されているためである．なお，その他の方式としては，農家が設立する法人に企業が出資する方式や，農地を利用しない植物工場分野などに参入する方式がある．

　農林水産省の公表では，企業の参入件数は一貫して増加しており，2020 年 12 月末時点で累計 2,942 件である（株式会社と特例

有限会社の数値）．明らかに農外からの参入とみなせる企業の業
種としては食品関連産業，サービス業，建設業が多い．

　次に，参入企業による農業の採算性を確認する．採算に関する
データは農林水産省でも把握しておらず，残念ながら包括的な資
料が存在しない．そこで，2018年に日本政策金融公庫が食品関
連産業を対象として行ったアンケートの結果を参照した（日本政
策金融公庫農林水産事業本部（2018）「平成30年上半期食品産業動向
調査」）．簡単に2つの点に言及したい．

　まず1点目は，農業部門で赤字の企業が約45%存在する．そ
れぞれの参入目的や経営計画によるだろうが，この状態が長引く
と撤退という判断に至る可能性もある．

　もう1つは，黒字化を達成している企業であっても，営農開始
から5年以内に実現したのは約39%に留まることである．短期
的な利益を見込んだ参入は現実的ではないことが示唆される．

　では，なぜ儲からないのに企業は農業へ参入するのだろうか．
このテーマを追求した研究成果によれば，必ずしも企業は農業単
独で短期的利益を求めているのではなく，それぞれの本業や経営
戦略との関わりの中で農業へ参入しているからである（渋谷往男
編著（2020）『なぜ企業は農業に参入するのか－農業参入の戦略と理
論』農林統計出版）．そのため，仮に農業部門で損失を計上してい
ても，すぐに撤退するとは考えにくい．

　このように，必ずしも農業部門で利益は出ていないものの，農
業を行う企業は増え続けている．そのため，企業は新たな農業の
担い手として現場でも認知されつつある．実際に，農家の高齢化
に伴う担い手不足に対処するため，企業参入を推進する地方自治
体もある．

しかしながら，企業に借り入れられた農地面積は，日本全体の借り入れ農地面積の 1% に満たない．生産性の向上や耕作放棄地の解消が企業参入には期待されてきたが，未だその存在感が大きいとは言えない．

2. 「代替」から「補完」へ

以上の状況を踏まえると，企業参入に対する評価は，良くも悪くもインパクトは小さい，というのが妥当なところだろう．そのため，企業と家族農業を対立させた図式も，現時点で有効な議論の枠組みとは言い難い．

そこで本章では，実態調査から浮かび上がる別の見方を提示したい．それは，集落営農も含む家族中心の農業と，企業による農業とが，相互に補完しながら併存するという見方である．

すなわち，企業と家族農業を対立させてそこに「代替」関係を見るのではなく，両者を「補完」関係が成立するものとして捉える見方への転換である．単に減少する家族農業の代わりに企業へ農地を任せるのでもなく，頭から企業を危険視して排除するのでもない．以下では，筆者による調査事例や，先行研究における調査事例を紹介しながら，こうした見方について具体的なイメージを示す．

事例①

土木建設業者が水稲作に参入した事例である（以下，当該企業をXと呼称する）．Xの経営耕地面積は 45ha を越え，所在する市内において最大規模の経営体となっている．常時雇用者は 5 名程

おり，農業機械もほぼ全て自社で保有している．しかしながら，最大の繁忙期であるコメの出荷・調製に必要な臨時雇用者の確保が近年難しくなっており，また大豆を収穫するのに必要な大型の収穫機だけは保有していなかった．

　一方で，同じ市内には 10 以上の集落営農法人が存在しており，それぞれの集落の農地保全を担っていた．集落営農法人の内容は多様で，それぞれが長所と短所をもっている．あるきっかけから，市の農政部局がリードして，これら集落営農法人すべてに X を加えて，話し合いや講習の機会をもつようになった．ここでの交流が X との法人間連携の潤滑油として機能し始め，参入企業と集落営農法人との補完関係がみられるようになる．

　集落営農法人 A は，青汁用に無農薬の大麦若葉の栽培を行って高付加価値化を図ることで，農地保全だけでなく構成員の所得機会を提供していた．しかし，農産物売上高に迫るほどの人件費が経営を圧迫しており，A の代表者は頭を悩ませていた．ある時，X が大型の草刈り機を保有していることを知った A の代表者が，人件費削減も意図して X へ無農薬圃場の除草を依頼した．X は即日で作業を完了させたのち，逆に秋の臨時の労務提供を A に依頼した．A がこれを引き受けたことで，X は人手不足だったコメの出荷・調製作業を遅滞なく行うことできた．A の構成員も，大きな額ではないが臨時の所得を得た．

　また，X は大豆の大型収穫機を保有しておらず，集落営農法人 B へ作業を委託していた．B は以前に，主食用米の新品種の作付けを希望したものの，地元の農協が取り扱いをしておらず苦慮していた．その際，育苗事業も行っていた X が相談に応じたことで，新品種を導入できたという経緯がある．また，B は飼料

用米を X が開拓した販路で出荷しており，有利な単価で販売できている．このように相互に経営資源を提供し合う両者であるが，ある年に B の都合により，大豆の収穫作業を受託できなくなった．しかし，話し合いによって B から X へ収穫機を貸し出すことが合意され，X は大豆収穫を遅滞なく収穫できた．

（古田恒平（2018）「農外企業と集落営農組織との補完関係に関する分析－水田農業の生産過程に着目した事例研究－」『農業研究』（日本農業研究所），第 31 号，pp. 359-373）

事例②

多国籍アグリビジネスによる参入事例であり，業種では食品関連産業からの参入である．食品関連企業による参入の場合，本業の原材料確保を目的としていることが多く，自ら直接生産することに加えて周囲の農業者と生産契約を結ぶこともしばしば見られる．当該事例はまさにそうした事例であり，企業と周辺農家との緊張関係が重要な示唆を与えている．

この企業は，ブロッコリーを生産するために農業へ参入しており，わずか 4 年ほどの間に 84ha まで規模拡大を実現している．また，参入と同時に周囲の農家との契約生産も始め，自社生産と契約生産を両輪として事業が走り出した．ここで重要なのが，地元の農協が農家を生産部会として組織化したうえで企業と契約を結んだことである．また，企業は農協の集出荷施設を借用しており，契約農家に対する苗も農協が供給していた．

その後，ブロッコリーの市場価格が低迷する中で，企業は農家に契約価格の引き下げを提案した．それを機に生産部会は契約を解消したが，契約生産を通じて確立した生産体制と物流システム

を活かし，独立初年度に企業との契約価格を上回る販売価格を実現している．著者によれば，企業による「地域組織などの利用は，地域への寄生とも言いうるものであるが，その一方で契約農家の自立化にとっては決定的な条件になった」．

　つまり，農協による農家の組織化は，参入企業の経営行動による影響を軽減するだけでなく，企業参入をテコにして産地として自立する能力も醸成したと理解できる．

（徳田博美（2011）「企業の農業参入と地域農業との関係に関する一考察－長崎県五島市のD社関連法人・Iファームの参入を事例として－」『農林業問題研究』，第182号，pp.144-149）

　これらの事例に現れているのは，単純な対立図式では捉えられない，参入企業と家族農業との関係である．すなわち，両者は状況に応じて利害が衝突しながらも，互いに補完し合って併存している．その際，行政や農協の介入が補完関係の成立を支えていた点が，政策的に重要である．なぜなら，そのような補完関係を促す地域主体の形成が，政策課題として立ち現れるからである．

　次節では個別事例から得られた以上の見方を，戦後に展開された農業の担い手論の中に位置づけ直すことで，政策的な議論としてより一般化してみたい．

3. 担い手の多様化をめぐる議論の系譜

　農業の近代化を目指した戦後農政では，他産業と同等の所得を得られる自立的な経営，という単一の農業の担い手像を念頭に置いていた．そのため，こうした担い手の形成が限界に直面すると，

政策的議論は担い手像の多様化という形で展開した．

　最初の画期となるのは，1970年頃である．当時は高度経済成長により著しい工業化が進展した段階であり，若年層が都市へ流出するとともに，非農業の仕事を主たる収入源とする農家も増えつつあった．こうして増加した「兼業農家」は，農業経営として成長しないまま滞留し，意欲ある専業農家の規模拡大を阻害する存在として，批判的に捉えられがちであった．

　その一方で，専業と兼業を対立させていずれかを是とするのではなく，多様な規模や能力の農家が補完し合うことによって，地域全体で合理的な営農を実現しようとする議論が生まれた．

　そこでキーワードとされたのが，「地域マネジメント」（高橋正郎・森昭（1978）『自治体農政と地域マネジメント』明文書房）である．すなわち，多様な農家がいれば利害も多様化しており，それらの補完関係を実現するには利害を調整するマネジメント機能が地域内に必要となる．そして，その実現を期待された機関の1つが，地方自治体であった．当時，地方自治体は国の政策をただ実行するだけの受動的な存在と見られていたが，マネジメントを担う能動的存在として見方を転換させたことも，「地域マネジメント」をめぐる議論の特徴である．

　次の画期をなすのは，1980年代後半から1990年代にかけてである．この時期に山間部の条件不利な地域で著しい耕作放棄地の増加が観察され，農業の担い手不足が最重要の政策課題として認識される．そして，農地荒廃に歯止めをかけるべく，自治体が出資する第三セクターといった，自立経営農家とは異なる「多様な担い手」の意義も政策的に認められるようになった．

　この動きに対して，多様な担い手像を認めたこと自体は評価で

きるにしても，消極的またはその場しのぎ的な位置づけに留まっていることが批判された．そして，それら多様な担い手がどのような役割分担を果たすことで，地域の農業が存続していくのかを積極的に描こうとする議論が生まれてくる．

　その際のキーワードが，「重層的担い手」論である．これは，多様な担い手が能力や機能に応じて相互に補完することの重要性を提起した議論である．つまり，素朴な「多様な担い手」論は，リタイアする農家を代替するものとして新しいタイプの担い手を位置づけていた．対して「重層的担い手」論は，それをより発展的な可能性を含む補完関係へと再構成したのである．

　以上みてきたような，担い手の多様化をめぐる議論の系譜のなかに，農業への企業参入も位置づけられると考える．その枠組みは既に事例を通じて示した通りだが，上述のキーワードを用いて改めて整理すると，次のようになる．すなわち，家族農業を代替する企業という「多様な担い手」論から，両者が補完し合いながら発展する「重層的担い手」論への深化が重要であり，それを実現しうるのが「地域マネジメント」である．

　実は，企業参入を解禁する際に「地域との調和」や「役割分担」といった，地域マネジメントを呼び込む文言が法律に書き込まれている．また参入企業と地域を取り結ぶマネジメントの必要性も一部で提起されてきた（小田切徳美・大仲克俊（2013）「異業種参入企業と地域農業の実態」八木宏典・髙橋正郎・盛田清秀編『農業経営への異業種参入とその意義』農林統計協会，pp. 231-242）．つまり，現場の実態に則していかに法律を実効的なものにできるか，研究の蓄積と政策の検討が求められているのである．

4. フィールドワークの可能性

　最後に，研究の方法論について触れておきたい．

　本章で示した"代替から補完への深化"にいたる議論は，あらかじめ机上で枠組みを用意し，それに合う事例を採用して論じたのではない．むしろ，筆者自身も対立する図式を念頭においたフィールドワークを重ねる中で，徐々に形成された枠組みである．具体的には，現場で事前の認識とのズレを感じ取り，大学へ戻って文献を読み，浮かんだ仮説の妥当性を確認しに再び現場へ赴く，という作業の反復によってつくられている．

　大学の講義はどうしても座学が中心であり，聞き取りをするようなフィールドワークについて言えば，論文のデータを集める「手段」として初めて行うことも多いと思われる．しかし，本章で例示したように，いま何が問題なのか，それを論じるためにどのような議論の枠組みが必要なのか，といった研究の「目的」がフィールドワークによって見えてくることも少なくない．

　むろん，座学を軽視して，現場に出ることばかりを推奨する意図もない．筆者の経験を正直に言えば，充実したフィールドワークを行うのも簡単ではないのである．現場で右も左もわからない時に，道しるべとなってくれるのが，先人たちの学問でもある．

　要するに，学問を始める者にとって，座学と現場はどちらかが優位に立つような関係にはない．まずは両者を行ったり来たりしながら試行錯誤する．そして段々と，それぞれに合った研究スタイルを磨き上げるのが，最適な方法論なのだと思う．

第12章

地方に放置された資産の対策とそのゆくえ

片 野 洋 平

本章の課題と概要

　日本の地方には必ずと言っていいほど放置されたままの家屋，農地，山林などがある．それは，それぞれ，空き家，耕作放棄地，放置山林などと呼ばれる．近年では，こうした放置された資産が所有者不明の土地問題という語とともにニュースなどで取り上げられることもある．

　地方に放置された資産など放っておいてもよいのではないか，と考える方もいるかもしれない．しかし，それぞれの資産が放置された場合，当該資産が放置された場所や周囲において，それらの資産が自然や社会に対して様々な負の影響を与える場合がある．放置された資産は地方の自然や社会の持続可能性に対して負の影響を与える可能性があると表現することもできよう．それゆえ，放置された資産に対しては，私たちはきちんと対処する必要がある．

　本章では，特に地方で放置される資産の基礎的な理解と対策について，近年議論される所有者不明の土地問題とともに整理し，今後のゆくえについて考えてみたい．皆さんは，地方で放置される空き家，耕作放棄地，放置山林が現在どうなっているのか，ど

のような問題を有しているのか，また，その対策にはどのような
ものがあるのかを理解することができるであろう．

　同時に，皆さんには，本章から比較という学問的な視点を学ん
でもらいたいと考えている．比較は，たとえば，E. デュルケム
の『社会学的方法の規準』などにおいて，繰り返し指摘されてい
る社会学における基礎的で重要な視点となる．

1.　空き家，耕作放棄地，放置山林の定義

　放置される資産はどのような状態をもって「放置されている」
といえるのか確認しておこう．

　まず，空き家は，誰も居住していない家屋をイメージすること
ができるであろう．ところが，厳密に考えると空き家を定義する
ことは難しいことが分かる．たとえば，数年に一度しか使わない
別荘はどう考えればいいのだろうか，などと考えが及ぶ．

　「空家等対策の推進に関する特別措置法」の 2 条では，「空家
等」（「空家」は本章における「空き家」と同義）は「建築物又は
これに附属する工作物であって居住その他の使用がなされていな
いことが常態であるもの及びその敷地（立木その他の土地に定着
する物を含む．）をいう．」とされている．また，国土交通省では，
1 年間を通じて意図をもって使われていない状況が継続している
ことなど，ガイドラインを設けている．

　ところがこうしたガイドラインがあっても厳密に空き家を定義
することは難しく，空き家を判定する際には，どれくらい人が住
んでいないのか，どれくらい管理されていないのか，借り手や買
い手がいる可能性があるのか，などから総合的に判断するしかな

い.

　作野広和（2009）『江津市中山間地域における空き家の実態と利活用』（島根大学教育学部人文地理学研究室）は，空き家を「住居のうち，所有権を問わず一定期間にわたって居住が認められていない一戸建て住居」としている．本章ではさしあたりこの定義にならって議論を進めたい．

　次に耕作放棄地である．私たちは耕作が放棄されている土地を総称として耕作放棄地と呼ぶことが多いが，農地が一定の期間放置される場合，厳密には「遊休農地」，「耕作放棄地」あるいは「荒廃農地」として細かく定義されている．

　まず，遊休農地とは，農地法によれば，①現に耕作の目的に供されておらず，かつ，引き続き耕作の目的に供されないと見込まれる農地，②その農業上の利用の程度がその周辺の地域における農地の利用の程度に比し著しく劣っていると認められる農地（前号に掲げる農地を除く）となっている（農地法32条）．

　次に，耕作放棄地とは，「農林業センサス」において定義されていた用語である．この定義によれば，「以前耕地であったもので，過去1年以上作物を作付け（栽培）せず，この数年の間に再び作付け（栽培）する考えのない土地」とある．これは耕作者に対する調査結果はから導かれた主観的なデータであったが，2020年からは把握されていない．

　最後に，「荒廃農地」とは，農林水産省「荒廃農地の発生・解消状況に関する調査」において，「現に耕作されておらず，耕作の放棄により荒廃し，通常の農作業では作物の栽培が客観的に不可能となっている農地」と定められている．この調査は市町村や農業に関する事務を執行する農業委員会による調査結果から導か

れるものなので客観的な判断となる.

　私たちが何気なく使う総称としての耕作放棄地には，様々な種類があり，それぞれ異なる角度から定義がなされていることが分かる．本章では総称としての耕作放棄地を，荒廃農地の定義に従って議論を進めることとする．

　最後に，放置山林である．放置山林，放置林，あるいは荒廃林などと呼ばれることがある．かつては人により利用や管理されていたが現在では放置されている山林のことを指す．放置山林には，スギやヒノキなど人工的に植えられた人工林と，薪や炭あるいは農業用に用いられてきた雑木林がある．なお，本章では山林と森林を同義として扱っている．

　ここでも，厳密にどれくらいの間放置されれば放置山林とされるのかを定めるのは難しい．特に雑木林の場合，その状態を放置ととらえるべきか，そうでないのかはかなり判断が難しい．人工林の場合は，樹木の一部を間引きしその他の樹木の成長を促すための間伐など，管理が必要となる場合が多いので，管理の様態を判断することはある程度は可能である．そこで本章では，特に人工林を対象に，「10 年間で一度も間伐がなされていない山林」を放置山林ととらえて議論を進めたい．

　以上放置された資産の定義をみてきたが，「放置されている」という状況を把握しようと思っても，見た目や所有者の意思など，様々な角度からその放置の状況を想定しなくてはならないことが分かる．また，一般の人々から見れば定義が専門的で複雑であることも特徴といえるであろう．

2. それぞれの放置資産の現状

では，それぞれの放置される資産は実際にどのような状況なのであろうか．みてみよう．

表 12-1 は全国の空き家率を都道府県別に示したものである．まず，山形県や沖縄県などの例外を除けば，大都市を抱える都道府県よりもそうではない都道府県において，空き家率が高いことが分かる．次に，空き家率が高い都道府県において，2013 年と2018 年を比較した場合，全体として空き家率が増加している．ここから，空き家は地方で多く，地方の空き家は増加傾向にあるといえるであろう．

今度は耕作放棄地である．図 12-1 は全国の荒廃農地となる理

表 12-1 都道府県別空き家率（別荘など二次的住宅を除く（2013 年，2018 年））

空き家率の高い都道府県				空き家率の低い都道府県			
		2018 年	2013 年			2018 年	2013 年
1	和歌山県	18.8%	16.5%	1	沖縄県	9.7%	9.8%
2	徳島県	18.6%	16.6%	2	埼玉県	10.0%	10.6%
3	鹿児島県	18.4%	16.5%	3	神奈川県	10.3%	10.6%
4	高知県	18.3%	16.8%	4	東京都	10.4%	10.9%
5	愛媛県	17.5%	16.9%	5	愛知県	11.0%	12.0%
6	山梨県	17.4%	17.2%	6	宮城県	11.5%	9.1%
6	香川県	17.4%	16.6%	7	山形県	11.6%	10.1%
8	山口県	17.3%	15.6%	8	千葉県	11.8%	11.9%
9	大分県	15.8%	14.8%	9	滋賀県	11.9%	11.6%
10	栃木県	15.6%	14.7%	10	京都府	12.3%	12.6%

資料：総務省統計局.「平成 30 年住宅・土地統計調査　住宅数概数集計結果の概要」平成 31 年 4 月 26 日.

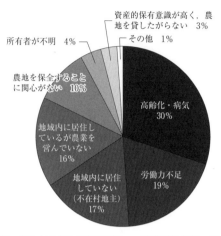

資料：農林水産省農村振興局調べ.「荒廃農地対策に関する実態調査」令和3年1月に全市町村を対象に調査.

図 12-1 荒廃農地となる理由（所有者）

由を示したものである．まず，高齢化・病気（30%），労働力不足（19%）によって荒廃農地が生じている．高齢化・病気も，高齢化・病気により働くことができないととらえるならば，荒廃農地の約50%が担い手の問題により発生しているということができる．また，地域内に居住していない（17%）という理由も一定程度あることが分かる．

最後に放置山林を見てみよう．表 12-2 は，2015 年に全国過疎地に山林資産を所有する，現在は地域を離れた不在所有者に対して行われたアンケート調査の結果である（片野洋平（2017）「過疎地域に放置される不在村者の財の所有動向：所有者に対するインターネット調査から」『環境情報科学』46(1)：pp. 91-100）．まず，過去10 年間で間伐などの管理を行っていない回答者が 73.5% いるこ

とが分かる．また，自らの山林の場所が分からないとする回答者が 40.5% いる．さらに，山林の継承についても 51.3% が決まっていないとしている．

ここから，所有者の間では山林管理が十分に行われていない様子がみえてくる．また，自ら所有する資産に対する現実の把握（場所把握）が十分ではない場合，そして未来（継承）について見通しが立たない人々も一定数あることが分かる．

表 12-2 全国の過疎地に山林を所有する人々の管理動向

人工林管理	できていない	73.5%
	できている	26.5%
山林場所	わからない	40.5%
	わかる	59.5%
山林継承	決まっていない	51.3%
	決まっている	48.7%

注：過疎地域に資産を所有する不在所有者に対して，山林，に対する意識，行動を尋ねたもの．有効回答数は 1177．人工林はスギ・ヒノキを指す．山林は人工林・雑木を含めたものを指す．

以上のデータから，地方では空き家問題が深刻であること，全国の耕作放棄地は担い手の問題を抱えていること，そして，全国の過疎地域に山林を所有する不在所有者は十分な山林管理を行っていない様子がみえてくるであろう．

3． 放置資産が自然や社会に与える負の影響

放置された資産が自然や社会に対して負の影響を与える場合があるとした．どのような被害が想定されるのであろうか，確認しておこう．

（1） 空き家について
北村喜宣（2012）『空き家等の適正管理条例』（地域科学研究会）

によれば，市町村は，空き家対策を行う根拠（保護法益）を，「防災・防犯」，「生活環境保全」，その両方，という3つの角度から選択的に提示してきたという．

　つまり，放置される家屋は，倒壊のおそれや不審者の居住といった「防災・防犯」の観点，まちなみなどの景観の悪化，衛生面の悪化，地域コミュニティの劣化などの「生活環境保全」の観点，あるいは，その両方の観点から社会に負の影響を与え得ることから対処が必要になる．空き家の問題は，物理的な負の影響および精神的な負の影響までを想定する必要がある．

(2) 耕作放棄地について

　農地が放置され耕作放棄地となる場合，少なくとも3つの問題群が発生する．第1に，病害虫・鳥獣被害の発生，雑草の繁茂，用排水施設の管理への支障等，周辺地域の営農環境へ悪影響を及ぼし，地域で農地を集積した経営を阻害する要因となる．第2に，土砂やゴミの無断投棄，火災発生の原因等，地域住民の生活環境に悪影響を与える可能性がある．第3に，中山間地域等，上流地域で発生した耕作放棄地は，周辺の営農・生活環境を悪化させるだけでなく，国土保全機能の低下によって下流地域にも悪影響を与えることが考えられる．なお，国土保全機能とは，たとえば，水田が雨水を貯水することによって，洪水や，地滑り，土砂崩れなどを防止する機能を指す．

　耕作放棄地は獣害など農業従事者に対して実害を与えるというレベルから，洪水や地滑りなど，私たちの社会や自然に対して様々な負の影響を与える可能性を有している．

(3) 放置山林について

　山林は，様々な働きを通じて私たちの生活の安定や経済の発展に寄与している．山林には，たとえば，雨水を水資源として貯留し水質を浄化するなどの水源涵養機能，山地災害防止・土壌保全機能といった機能がある．また，木材を生産する機能も有している．この他にも，山林には，行楽を支えるレクリエーション機能や生物の多様性を保全する機能などもある．

　恩田裕一（2008）『人工林荒廃と水・土砂流出の実態』（岩波書店）によれば，管理されない人工林は，土砂災害防止機能や土壌保全機能が失われ，下流河川に対する影響を及ぼしている可能性があるという．

　スギ・ヒノキなどの人工林が適切に管理されない場合，上述のような様々な観点から，私たちの自然や社会に対して負の影響を与える可能性があるといえる．

　以上，空き家，耕作放棄地，放置山林が与え得る負の影響を見てきたが，物理的あるいは直接的な負の影響だけを想定すればよいわけではないことが分かる．私たちは，自然災害の原因となっていないか，周囲の人々がどう感じるのかなど，様々な観点から放置される資産が及ぼす負の影響を考慮しなければならない．

4.　放置資産と所有者不明の土地問題

　放置される宅地（家屋），農地，林地（山林）を包括的な土地問題としてとらえ，放置される土地を，主に法律や制度上の観点から議論する視点として，所有者不明の土地問題がある．放置された資産問題の社会的側面ともいえる．

所有者不明の土地問題は，2011 年の東日本大震災後の地域復興の困難さをきっかけに人々の関心を集めることになった．きっかけは，津波で被害を受けたかつての宅地や農地あとに，新たな居住地などの施設を建設するにあたって，行政が所有者から土地の利用についての許諾を得ようとしたところ，所有者を明らかにする作業に膨大な時間と手間がかかったことにはじまる．

　また，2017 年の所有者不明土地問題研究会（一般財団法人国土計画協会）によれば，全国の所有者不明の土地は合計すると九州全体の面積よりも大きいとされた．この報告は社会の注目を集めることになった．

　ところが，この所有者不明の土地問題は，世間に対して誤解を与えている可能性があるので注意が必要だ．報道による「所有者不明の土地」の意味は「登記情報に書かれている情報を頼りに連絡しても所有者がいない」，もっといえば「登記がされていない土地」という意味である（「登記」は用語解説を参照）．

　2021 年に相続による登記は義務化されたが，日本では，長い間所有と登記は切り離され，登録は任意となっていた．代々なじみの顔が変わることもなく続いていくこともある地方では，土地の所有でもめ事になるような場面は都市に比べて少ないため，登記を行う必要性を感じる場面が少ないのかもしれない．また，地方では司法書士に高い手数料を支払わなければならないことも，登記を進める上での障害になっているといえるであろう．これは，家屋，農地，山林すべてについてあてはまる．

　実際，地方では，登記されていなくても，代々その地に住んでいるのであれば，土地の継承者により管理され，土地等に対して課される固定資産税も納められている土地がほとんどである．

本章では，空き家，耕作放棄地，放置山林が問題だとしたが，管理はされていないものの，誰のものであるかまったくわからないというような状況はまだ少ない．この意味では，管理もされず，誰が所有者かまったくわからない，税の支払いも滞っている，という本当の意味の所有者不明の土地は，現時点では，存在はするものの，少ないといえるであろう．とはいえ，この所有者不明の土地問題が発している社会的な問題提起は，土地の所有者がわからないという意味において，私たちの社会を不安定なものとさせるためには十分な意義を持っているといえよう．

5.　放置資産および所有者不明の土地問題への対策

　空き家問題，耕作放棄地問題，放置山林問題，そして所有者不明の土地問題に対して，国や地方はどのような対策を行ってきたのだろうか．政策には大きく分けて，①情報提供・啓蒙活動，②各種経済支援策（インセンティブ），③各種罰則（ペナルティ）に分けることが可能である．個々の政策をここで網羅的に挙げることは不可能であるので，大きな視点からそれぞれの政策の特徴を確認しておこう．

（1）空き家の場合

　まず，情報提供・啓蒙活動として，まず市町村で放置された家屋の状況を調べ，所有者に対して様々な情報発信を行ったうえで，状況が良いものは貸し出しや売買を考えてもらい，状況が悪いものは自発的に壊してもらうよう伝えることが挙げられる．行政が「空き家バンク」といって，売買や賃貸の情報提供を行うことも

ある.

　経済支援策としては, 市町村は, 空き家の所有者がスムーズに家を貸したり売ったりできるような支援を行うこともある. たとえば, 所有者が所有する家屋の家財道具や荷物などを処分するための費用の助成を行うことや, 所有者あるいは入居希望者が家屋の修繕を行うための助成を行うこともある.

　空き家を壊すためにも経済的支援が存在する. 市町村は, 居住が難しいほど劣化が進む場合は, 老朽化した家屋の解体やすでに倒壊した家屋の撤去にかかる経費を補助するような経済的支援も準備する場合もある. さらに, 所有者が老朽化した家屋を解体した場合, 固定資産税を減免するといった一種の経済的支援も存在する.

　他方で, 空き家の政策にはペナルティも存在する. 2016 年には, 空家等対策の推進に関する特別措置法（空家特措法）が成立し, 管理の態様が悪い家屋（特定空家）に対して, 市町村は積極的な対策を行うことができるようになった. 劣化が進んだ家き屋などを, 市町村が「特定空家」と定めた場合, 市町村は所有者に対して, 助言, 指導, 勧告, 命令, 行政代執行（「行政代執行」は用語解説を参照）と, 次第に強制力を強めて, 解体を強いることが可能となる.

(2) 耕作放棄地の場合

　情報提供・啓蒙活動として, 地域の市町村（正確には農業委員会）は, まず農地台帳に基づき農地の見回り（農地パトロール）を行い, 農地が適切に利用できていない場合, 所有者に対して意向を確認し, 後述する農地中間管理機構（農地バンク）に誘導す

ることを行っている．その他，耕作放棄地対策としては，農業委員会，農協，自治会を通じた所有者への呼びかけ，農業用用排水施設の管理などを行う団体である土地改良区による提案など，組織を利用した取り組みが数多く存在する．農業委員会では所有者に対する意向調査を行うことで情報収集を行っている．

次に，耕作放棄地の経済的支援策については国，県，市町村が，実に多様なメニューを用意している．たとえば，荒廃農地等利活用促進交付金などは，近年の重要な経済的支援策である．

他方で，農業に使われることが予定されている土地が適切に利用されていない場合，所有者に対して各種のペナルティが発動されることになる．ペナルティに関する制度は，全体として，近年の耕作放棄地問題や所有者不明の土地問題を受け，次第に強化される傾向にあるといえる．

たとえば，2013年の農地法改正では，利用されない農地に対して，調査や所有者への意向を確認し，それでも話し合いが進まなければ，都道府県の知事が，農地を他者に貸す権利（農地中間管理権）を設定できることになっている．また，2015年からは，遊休農地に対して固定資産税の強化が行われることになっている．

（3）放置山林の場合

情報収集・啓蒙活動として，まず，地籍調査を行い，権利関係など土地に関する情報を明確にした台帳（林地台帳）を整理し，山林（土地の上にある木）の集約化を図ることが，土地行政全般，市町村及び地域の森林組合に求められている．山林所有者の多くは，森林組合に所属しているため，森林組合による情報提供は公的な対策に準じるといえる．

森林政策においても，様々な経済支援策が用意されている．

この中で放置される山林を管理するためのもっとも基本的な制度は森林法にある「森林経営計画制度」であろう．山林の所有者が，森林組合などの施業組織に個々の山林を委託することで，施業組織は，集約された山林に対して効率的な経営ができるというものである．

他方で，放置山林に対するペナルティのメニューは少ない．山林が十分に管理されないことが，土砂崩れの原因になっていることを示唆する研究はあるものの，地域における地形や気候，山林の植生などは様々であり，管理不足が直ちに特定の災害につながることを判断することは難しい．山林の管理は重要ではあるものの，一律の管理は難しく，現状では，山林が放置されることに対する所有者に対するペナルティは限定的である．

(4) 所有者不明の土地対策

近年様々な法改正が進み，少なくとも，法律上は，所有者不明土地への政策が現実化しつつある．表 12-3 は，今後の改正の予定などをまとめたものである．

重要なものとしては，「相続登記の義務化」と「不要な土地を国が引き取る方向性」の 2 つであろう．登記を義務として罰則を設けることに加え，一定の要件を満たせば，不要な資産を国に帰属させることができるようになる．

法改正が行われるということは，少なくとも，国は問題をきちんと意識しているという意味で評価できる．しかし，実際に法がどのように運用されるのかは今後の課題である．今後の展開に着目したい．

表 12-3　民法，不動産登記法改正などの主なポイント

項目	内容
土地・建物の相続登記を義務化	相続開始から 3 年以内に，誰が，どれだけ相続するかを登記．登記しなければ 10 万円以下の過料．
相続人申告登記を新設	登記期限に間に合わない場合，相続人の氏名，住所などを登記
不動産の所有者の住所，氏名の変更登記を義務付け	住所変更などを 2 年以内に登記 登記しなければ 5 万円以下の過料
遺産分割協議の期間を設定	相続開始から 10 年を過ぎると原則，法定相続割合で分ける
土地所有権の国庫帰属制度を新設	国が一定の要件を満たす土地を引き取る 相続人が 10 年分の管理費を負担
共有制度の見直し	共有物分割の方法である全面的価額賠償を明文化
土地に特化した財産管理制度を創設	所有者や所在が分からない人の土地を裁判所が決める管理人が管理できるようになる
相隣関係の規定の見直し	越境してきた隣地の竹木の枝を切り取れるようにする

資料：2021 年 4 月 30 日「日本経済新聞」より．

(5)　放置される資産対策の全体的特徴

　以上，放置される資産に対する対策を大きな視点から見てきた．大きな特徴としては，情報提供・啓蒙活動，および経済的支援は豊富なメニューが用意されているのに対し，ペナルティが少ないことが挙げられるであろう．公共性があるとはいえ，所有者の資産に対して公が介入することは難しいことが考えられる．

6.　放置資産および所有者不明の土地問題のゆくえ

　これまでに整理してきたように，それぞれの放置資産の問題に

対して，国や地方は様々な政策メニューを展開してきた．しかし課題もある．2点だけ指摘しておこう．

第1に，制度が個別的で複雑だという問題である．所有者から見れば「田舎においてきた土地問題」としてとらえられる問題が，それぞれ細かく定義され，放置されるそれぞれの資産に対して細かく対処法が定められている．現在は消費者庁ができることで解消されたが，2007年当時食品偽装問題が日本中で発生したときに，消費者から見ればたった1つの事件に対して，食品衛生法（厚生労働省），JAS法（農林水産省），不正競争防止法（経済産業省）など，複数の省庁がそれぞれの視点から問題を指摘した構図とよく似ている．放置される資産に対しては，所有者の目線にあわせた対策が必要になるであろう．

第2に，なぜ，放置された資産の問題を解消しなければならないのか，その原点に立ち返ってみよう．確かに放置された資産が引き起こす負の影響は大きな問題だ．現在，そうした影響がこれ以上拡大しないように本書で紹介した様々な対策が行われている．しかし，それだけでいいのであろうか．

これだけ多くの資産が放置される背後には，地方の社会において人々が農林業を中心とした生活を送ることが難しくなっていったからだということを見逃す訳にはいかない．この意味で，放置資産の問題は，地方の人々が農林業などに従事しつつも活力ある豊かな暮らしを送るためにはどうしたらよいか，という新しい問いに私たちを導くことになる．

ところで，こうした視点は，本章で最初に提示した比較という学問的な姿勢から得られるものである．空き家，耕作放棄地，放置山林の定義，問題や対策に共通する点，相違する点を比べなが

ら，問題の全体像を把握し，理解することは，比較という視点を通じてはじめて見えてくるものだ．読者の皆さんには，放置される資産の知識とともに，この問題を通じて見えてくる，比較というものの見方についても学習していただければと思っている．

用語解説

登記：登記とは土地や建物ひとつひとつに対して，所在，面積，所有者，抵当権の有無等の権利関係を公にすること．これにより安全で円滑な不動産取引が可能になる．不動産を管轄する法務局で手続きを行うことになる．登記の手続きは自分で行うことができるが，一般的には司法書士などに手数料を支払って代行してもらうことが多い．所有者を変えるための登記料金はそれぞれの司法書士事務所によって異なるが，執筆者の観察に基づけば，1件当たり5万円前後が相場となっている．この金額を高いと考える地方在住者は多いと思われる．

行政代執行：行政代執行とは，市町村など行政側が，所有者が義務を果たさないときに，同意を待たずに市町村の費用で（空き家の撤去など）行動に移すことである．費用については，後日，所有者に請求することになる．行政代執行を行うためには，行政代執行法第2条にある，①義務が履行されていないこと，②他の手段によって義務の履行を確保することが困難であること，③義務の不履行を放置することが著しく公益に反すること，という3つの要件を充足する必要がある．空き家などについては，行政代執行を行うことができるが，後日行政側が，所有者から費用を回収できないことも多いため，最終的な手段となる．

演習問題

問1（個別学習用）

本章で取り上げた耕作放棄地，空き家，放置山林といった放置され

た資産の定義がそれぞれどのような視点からとらえられているか，類似点・相違点を抽出してみよう．

問2（個別学習用）

所有者不明の土地の問題はどのような状況になったときに実社会で問題となるのであろうか．放置される家屋，農地，山林を頭に思い描きながら，具体的な事例を考えてみよう．

問3（グループ学習用）

空き家，耕作放棄地，放置山林に対するペナルティは少ないとした．では，どのような理由があれば，放置された資産に対するペナルティを強化することができるのか．考えてみよう．

問4（グループ学習用）

放置された資産に対する制度が個別的で複雑だとした．では，どのような工夫をすれば，改善されるのであろうか．考えてみよう．

文献案内

朝日新聞取材班（2019）『負動産時代』朝日新書

かつて日本では土地などの不動産は大きな財産であった．ところが近年，日本全体で土地など不動産をもっていることが負債になるような事態が発生している．本書は，朝日新聞の取材版が日本中の負債化する不動産の事例を集めたものとなっている．事例は国外に及ぶ．放置される資産の問題を，知るため初学者向きの1冊と言えよう．

飯國芳明・程明修・金泰坤・松本充郎編（2018）『土地所有権の空洞化』ナカニシヤ出版

近年の所有者不明の土地問題に最も早い段階で学問的な議論を提示した1冊．本書の射程は，国内だけではなく，台湾，韓国，マレーシア，フィリピンなどの事例も取り上げ議論を展開している．中山間地域における課題を豊富に取り入れているので，本章で扱った課題について深く学ぶことができるであろう．地方の土地問題を専門的に学習してみたいのであればおすすめできる1冊となっている．

第13章

農村の内発的発展

小田切徳美

本章の課題と概要

"Development" は，日本語では「開発」と訳されることが多い．SDGs についても，日本政府は「持続可能な開発目標」という訳を正式に使っている．しかし，皆さんも良く知っているように，Development には「発展」という訳語もある．つまり，動詞 Develop には，他動詞の「○○を開発する」という意味と，自動詞として「○○が発展する」という意味があり，日本語ではそれが違う言葉で使い分けられている．

ところが，語源的には，ラテン語から派生する "velop" は「包み込む」という意味であり，それを脱する状況（"de" は否定の接頭語）を指している．したがって，この単語は元々は，「包み込まれて，隠されていた能力などが，徐々に姿を現す」という意味であり，むしろ「発展」に近いものであろう．そのため，本章で扱う「内発的発展」（endogenous development）の「内発」は，本来は develop に含まれていると考えられ，この用語は同義反復ぎみの言葉でもある．

それにもかかわらず「内発的発展」は世界中の農村地域の未来に向けた基本的戦略となっている．事実，この言葉が，世の中に

登場したのは，1975年の国連経済特別総会報告『何をなすべきか』の場であったが，そこでは，途上国の社会発展には，欧米型近代化路線とは異なる内発的発展という「もうひとつの発展」があることが主張されており，様々な国々に適用される国際的な戦略として提起された．

　元来，「徐々に姿を現す」という「発展」にあえて，「内発」を付けて，強調しなくてはならないのはなぜであろうか．そして，内発的な発展により，特に農村はどのような姿に変わっていくのだろうか．それらを，日本の農村の現実と政策から考えてみたい．なお，ここでの「農村」とは漁村や山村を含んでいる．

1.　外来型開発の現実

　国連の場で「もうひとつの発展」と言われたように，「内発的発展」は，大企業などの外部の力に頼る外来型開発のアンチテーゼとして提起されている．我が国の地域振興，特に農村振興の基本的路線はそうした傾向が強かった．

　その原点は，最初の国土計画（用語解説を参照）である全国総合開発計画（全総，1962年閣議決定）にある．当時，高度経済成長の初期において，都市と農村の間に生じた社会的，経済的格差を是正し，「均衡ある国土の発展」を目指すための計画である．そのため採用されたのは「拠点開発方式」である．これは全国各地に多数の拠点を作り，そこへの集中的な企業導入の波及効果により，周辺部に相当する農村を豊かにするという戦略であった．

　具体的には次のようなプロセスが想定されていた（図13-1）．まず，当時の基軸的産業であった素材供給型重化学工業を，臨海

部の埋め立てにより新設するコンビナートに誘致する. 人工港湾を付して, 原料の輸入, 重化学工業とその関連産業の発展を短時間で促進する. その結果, 拠点地域での雇用機会の拡大や食料需要の増大を媒介として, 周辺部の農村にその開発成果を波及させる. そして最終的には地方の住民も自治体も豊かになり, さらに新しい企業導入や人口増加が好循環をともない進むというものであった.

この構図は, 農村から見れば, 地域内における発展ではなく, また地域の主要産業である農林水産業自体の成長によるものではない. あくまでも外部の経済的活性化に依存し, 期待するという立場におかれることとなった. つまり〈非農林業の発展に誘発される発展〉, 〈地域外の拠点に依存する

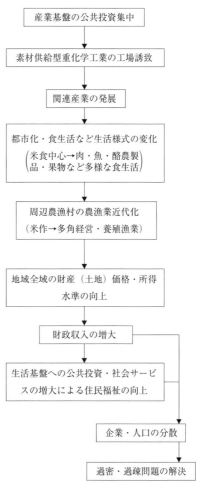

産業基盤の公共投資集中

↓

素材供給型重化学工業の工場誘致

↓

関連産業の発展

↓

都市化・食生活など生活様式の変化
（米食中心→肉・魚・酪農製品・果物など多様な食生活）

↓

周辺農漁村の農漁業近代化
（米作→多角経営・養殖漁業）

↓

地域全域の財産（土地）価格・所得水準の向上

↓

財政収入の増大

↓

生活基盤への公共投資・社会サービスの増大による住民福祉の向上

↓

企業・人口の分散

↓

過密・過疎問題の解決

資料：宮本憲一『経済大国（昭和の歴史 10）』（小学館, 1983 年）より引用.

図 13-1 拠点開発の論理
（外来型開発の基本的イメージ）

発展〉という，二重に外来型開発であった．

　しかも，この拠点開発は期待された通りの効果を生まなかった．この点については，経済学者の宮本憲一氏が早くから指摘しているように，拠点であるコンビナートおよびその周辺の工業団地に企業誘致自体が成功しなかったケースや，成功しても産業の集中立地に起因する公害により地域が深刻な被害を受けることもあった（宮本憲一『環境経済学』岩波書店，1989 年）．このような現実の中で，拠点開発方式という，外部に依存する農村開発方式は，否定的に評価されることが少なくなかったのである．

　その後，オイルショック（1973 年）を契機とする低成長期を経て，農村では同じことが繰り返された．1980 年代後半からのバブル経済期のリゾート開発である．バブル経済下において，「世界都市 TOKYO」を目指す都市再開発の動きが加速化する一方で，1987 年にリゾート法（総合保養地域整備法）が制定され，農村にはリゾートブームが発生した．それは，先の高度成長期の拠点開発のように「地域外の拠点に依存する発展」ではなく，むしろ農村そのものにおける開発であった．またこの地域では，当時，過去に誘致した電気機械工業などの工場が，プラザ合意（1985 年）に導かれた円高・ドル安化を契機に海外移転し，「産業空洞化」が進行するという傾向が発生していた．こうしたなかで，地域の期待はこの新しい開発に集中した．リゾート開発の嵐が吹き荒れたのはこのためである．

　そこでは，ホテル，ゴルフ場，スキー場（またはマリーナ）の「3 点セット」と言われる民間資本による大規模リゾート施設の誘致が，地域活性化のあたかも「切り札」として，競うように行われた．これも，外部に依存する，典型的な外来型開発だったと

言えよう．しかし，当時は，地元にとっては，このリゾートブームに乗れるか否かが，大きな岐路とさえ考えられていたのである．

ところが，この開発路線も，1990年代前半のバブル経済の崩壊に伴い，リゾート構想の多くが行き詰まり，頓挫した．さらには，リゾート法により国立公園や森林，農地の土地利用転換の規制緩和が図られたため，開発予定地が未利用地として荒廃化し，それが国土に大きな爪痕として，いまも残されている．

2. 内発的発展論の登場とその実践

(1) 内発的発展論：持続可能性との関係

このような問題状況に対して提起されたのが，内発的発展論である．この議論は，開発途上国においても，多国籍企業による外来型開発の問題点が同じように明らかになることにより，経済学，社会学，歴史学等の多分野で，国内外を対象に活発に論じられた．特に，その中心的論者の宮本憲一氏は，地域の内発的発展原則を概ね次のように定式化した（前掲・宮本『環境経済学』）．

①地域開発が大企業や政府の事業としてではなく，地元の技術・産業・文化を土台にして，地域内の市場を主な対象として地域の住民が学習し，計画し経営するものであること．

②環境保全の枠の中で開発を考え，自然の保全や美しい街並みをつくるというアメニティを中心の目的とし，福祉や文化が向上するように総合化され，なによりも地元住民の人権の確立をもとめる総合な目的をもっているということ．

③産業開発を特定業種に限定せず，複雑な産業部門にわたるようにして，付加価値があらゆる段階で地元に帰属するような

地域産業連関をはかること.

④住民参加の制度をつくり，自治体が住民の意志を体して，その計画にのるように資本や土地利用を規制しうる自治権をもつこと.

　第1の点は，「内発的発展」の「内発性」を定義したものであり，地域発展の主体が地域住民であることを強調している．第2点は，内発的な地域発展は，人権，福祉，文化，環境，景観等にわたる「総合的」なものであるべきことが示されている．そして，そのための具体的プロセスを，第3の点では産業構造のあり方について，第4点では住民参加制度のあり方について論じている.

　この内発的発展論は，持続可能な新しい政治経済システムのあり方として論じられており，持続的発展論とコインの裏表のような関係にある．また，この議論は，経済的疲弊や政治的対立をもたらした途上国への多国籍企業主導型開発の批判にも通じる，広くかつ深い射程を持つものである．まさに，地域発展の「一般原則」と言えよう．逆に言えば，これを我が国における農村に当てはめるには，より一層，実践的に具体化することが必要である.

(2) 地域づくりの登場とその意味

　その具体化のための実践は，むしろ農村の現場で先行していた．先に述べたように，1990年代前半には，日本の農村は，バブル経済を背景とするリゾート開発の混乱の影響を受けていた．その後，それが沈静化した1990年代後半の農村に登場したのが地域づくり運動である．それは離島や西日本の山間部で先発し，各地では多様な取り組みがあったが，特に体系化を意識したのが，1997年からはじまる鳥取県智頭町の「ゼロ分のイチ村おこし運

動」であった.

　智頭町は鳥取県の南東端に位置し，岡山県境に接する山村である．この地域は，「智頭林業」と称され，国内を代表する杉素材の生産地である．しかし，高度経済成長と林業不況の中で，他の地域と同様に人口流出が続いた．1960 年に約 1 万 4 千人あった人口は，運動の始まる頃には約 1 万人にまで減少している．

　そのため，従来からもこの町においては様々な取り組みがあったが，地域づくり運動として本格化したのは 1990 年代中頃のことである．1996 年には，住民で組織する「智頭町活性化プロジェクト集団」（約 30 名）が，約 2 年間にわたり積み重ねた議論を集約し，「日本ゼロ分のイチ村おこし運動」の企画書を作成した.

　提起され，実践された運動は，「誇り高い自治を確立する」ことを目的として，集落を基盤とした，住民主体によるボトム・アップ型の企画が提案された．具体的には，集落レベルで組織された「集落振興協議会」が，地域の 10 年後のあるべき姿を考え，その目標を実現するために，3 つの柱（住民自治，地域経営，交流・情報）について，より実践的な計画をつくり上げる．そして，町はこのような計画策定を行った協議会を認定し，様々な支援を行うというものである.

　しかし，この運動では，直ちに大きな前進が期待されているものではない．それが，ユニークな「ゼロ分のイチ」という表現で語られている．つまり，「何もないところ（ゼロ）から何か（イチ）を作り出す」ことが重要であり，ゼロからイチへの前進を，「無限大」（＝1/0）の前進と捉えているのである.

　その運動による 2 集落の事例を表 13-1 に示した．3 つの柱について，多様な取り組みが行われている．その内容を見れば，

表 13-1 智頭町（鳥取県）の「ゼロ分のイチ村おこし運動」
の取り組み事例

	A 集落	B 集落
テーマ	夢ステージはやせづくり	人形浄瑠璃の里・新田づくり
住民自治	・花いっぱい運動（花桃の手入れ・花壇の奨励） ・心の花を育てる運動（陰口や足ひきをなくする努力）	・共有林の適切な管理 ・町道向線の改良 ・各期間村うち生活道の除雪 ・共同作業場（もみずり，精米）の効率的運営
地域経営	・イベント参加（竹炭・味噌他の販売） ・盆踊り，万灯，秋祭り，とんど ・事業記録，村の歴史編集 ・ほたるの復活，鯉の飼育，ゴミの分別	・喫茶「清流の里新田」，ロッジ「とんぼの見える家」の効率的管理運営 ・人形浄瑠璃芝居の定期的上映と後継者育成 ・「新田カルチャー講座」の開催
交流・情報	・地球環境高等学院との交流 ・出会い館での交流 ・東屋まつり，映画会，名月の会 ・敬老会 ・いざなぎの会・活動報告会 ・村づくり情報・ふるさと便り発行	・大阪いずみ市民生協との農林体験交流 ・インターネットホームページの管理 ・新田広報誌「WE LOVE 新田」の発行 ・先進地視察 ・他地域との積極的交流

資料：智頭町資料より抜粋（2002 年度事業）.

①「住民自治」は住民のコミュニティ力の強化のための事業であり，②「地域経営」は経済活動の活性化も意識している．そして，③「交流・情報」は，先の企画書では「村の誇りをつくるには，意図的に外の社会と交流を行う」と記されており，「誇りづくり」を目的とするものである．

　要するに，この運動は，地域の内発力により，①コミュニティ再生，②経済（構造）再生，③誇り再生を一体に実現しようとし

た運動である．こうした体系性もあり，この運動や町による支援施策は全国から注目された．そのため，このような方法の地域づくりは他の地域に拡がり，①〜③を一体的に進めようとする取り組みは各地で見られるようになった．

　このように全国に拡がった農村における地域づくりの特徴をまとめれば，次の3点が指摘できる（小田切徳美『農山村は消滅しない』2014年，岩波書店）．第1に，リゾート開発からの脱却という時代の文脈の中で，「内発性」が強調されている．大規模リゾートでは，アイデアも資金も外部から注入されたものであり，地域の住民は土地や労働力の提供者，さらには開発の陳情者に過ぎないものであった．そうではなく，自らの意思で地域住民が立ち上がるというプロセスこそが地域づくりの基礎に位置づいている．

　第2に，それ以前の地域をめぐる動きには，経済的な活況を目指す意味合いが強くあった．そうした単一目的を否定し，文化，福祉，景観等も含めた総合的目的が意識されている．また，そのような総合性は，地域の特性に応じた多様な地域の姿に連動する．実際に，リゾートブーム下では，どの地域でも同じような開発計画が並ぶ「金太郎アメ」型の地域振興が特徴であった．その反省の上に立つ地域づくりには「総合性・多様性」が体現されている．

　そして，第3に地域づくりの「つくる」という言葉が含意するように，「革新性」も意識されている．地域振興を内発的エネルギーによって対応するとなれば，従来とは異なる状況や新たな仕組みを内部に作り出すことが必然的に必要となる．例えば，農村ではありがちだった，女性の参画が少ない意思決定の仕組みなどを，刷新していくことなども意図的に行われている．

　つまり，リゾート開発の終焉という時代的文脈のなかで，多様

な総合的目的を持ち，地域の仕組みを革新しながら，新たに内発的につくりあげていくことが，「地域づくり」として結像されたのである．先に見た宮本憲一氏による，内発的発展の原則は，このように，日本の農村では，地域づくりとして具体化され，実践されたと言える．

　なお，こうした動きの起点となった智頭町では，その後も多彩な取り組みが住民と行政の連携により行われており，後述する田園回帰や関係人口の集積の国内におけるホットスポットと言える状況を実現している（寺谷篤志・澤田康路・平塚伸治『創発的営み：地方創生へのしるべ―鳥取県智頭町発』今井出版，2019年）．さらに，最近では持続的発展を自治体レベルで意識する「SDGs 未来都市」（内閣府選定）としての活動も行われている．

3. 地域づくりの「援軍」：田園回帰・関係人口

(1) 田園回帰

　こうした地域づくりは，その後の平成の市町村合併（用語解説を参照）により，一部の地域では地域活力の停滞などを経ながらも，多くが持続化した．そして，特に2010年代に入ると，その地域づくりに関連して「援軍」が生まれた．そのひとつが，若者を中心とした都市からの移住であり，最近では「田園回帰」という言葉とともにそうした認識は定着している．

　その動向を過疎地域で見れば（表13-2），5年前と比べて，「移住者」（ここでの定義は国勢調査上で「5年前には都市部に居住していた過疎地域住民」）を増やした区域（2000年4月時点の市町村）の数は，2000-10年の108区域に対して，2010-15年には

表 13-2 移住者数が増加した区域数（過疎地域）

	区域数	移住者増加区域数		増加区域の割合（%）	
		2000 → 2010 年	2010 → 2015 年	2000 → 2010 年	2010 → 2015 年
北 海 道	176	15	52	8.5	29.5
東　　北	305	26	82	8.5	26.9
関　　東	136	9	32	6.6	23.5
東　　海	76	2	11	2.6	14.5
北　　陸	39	1	10	2.6	25.6
近　　畿	107	6	20	5.6	18.7
中　　国	205	12	66	5.9	32.2
四　　国	133	10	51	7.5	38.3
九　　州	323	23	62	7.1	19.2
沖　　縄	23	4	11	17.4	47.8
全　　国	1,523	108	397	7.1	26.1

資料：総務省「『田園回帰』に関する調査研究報告書」（2018 年）の記載データより作成．原資料は国勢調査の組み替え集計．

注：区域は 2000 年 4 月の市町村．

3.7 倍の 397 区域に増加している．これは過疎地域の全区域の 26％に相当する．また，地域別に見れば，沖縄（48％），四国（38％），中国（32％）が高い．これらの地域では，研究レポートやマスコミ報道により，田園回帰傾向が特に盛んに紹介されていたが，データにもはっきりと現れている．この「移住者」を増やした区域を地図上で見れば（地図表示は略），沖縄では離島部に移住者増加地区が多く，中国，四国では，特に山地の脊梁部である県境付近でこの傾向が見られる．また，それは他の地域でも確認される（例えば紀伊半島や中部地方）．

　このように移住をめぐる離島や西日本山間部で先発するという地域的分布は，先に論じた地域づくりと田園回帰が無縁でないことも示唆している．移住の要因は多様であるが，地域づくりの実

践が移住者を惹きつけている．こうした人々が，地域の活動に参加して，さらに農村を輝かせている事例も少なくない．つまり，「地域づくりと田園回帰の好循環」である．

(2) 関係人口

　この田園回帰とかかわり，「関係人口」という概念も生まれた．指出一正氏（月刊誌『ソトコト』編集長）は，農村などに関心を持ち，何らかの関わりを持つ人々を「関係人口」と呼んだ．

　この関係人口についても量的把握が進んでいる．国土交通省により，三大都市圏とそれ以外の地域の関係人口の実数が推計されている（同省「地域との関わりについてのアンケート」（2020年9月実施）．三大都市圏域に居住する者に関して，主に明らかになったことを列挙すれば，次の通りである．

　①三大都市圏（18歳人口約4,678万人）では，18%（約861万人）が関係人口として，日常生活圏，通勤圏等以外の特定の地域を訪問している．

　②その内訳（訪問系に限定）は，直接寄与型（地域のプロジェクトの企画・運営，協力・支援等）301万人（6.4%，全住民に対する割合），趣味・消費型233万人（5.0%），参加・交流型189万人（4.0%），テレワーク的就労型88万人（1.9%）等となっている．

　③関係人口（訪問系）が関わる地域は，同じ大都市圏内であることも多く，「都市内関係人口」の存在が浮かび上がってくる．しかし，それでも「三大都市圏の都市部」以外に関わり，訪問する人々は約448万人いる．

　このように，直接的な地域貢献から，就労，消費目的までの多

様な関係人口が把握されている．そして，なによりも注目される
のは，そのボリュームの大きさである．

　このような「関係人口」という捉え方は，今まで見えなかった
ことを可視化している．第1に，頻繁に地域に通う人もいれば，
地域にアクセスしないものの，思いを深める者もいるように，
人々の地域へのかかわり方には大きな多様性があることが明らか
になる．移住だけでない，地域への多彩な関わりは，最近顕在化
した特徴なのであろう．

　第2は，その多様な関わり方の中に，あたかも階段のように
（図13-2），農村への関わりを深めるプロセスが存在する（「関わ
りの階段」と呼ぶ）．例えば，①地域の特産品購入，②地域への
寄付（ふるさと納税等），③頻繁な訪問（リピーター），④二地域
居住（年間のうち一定期間住む）という流れが事例的に見られる．

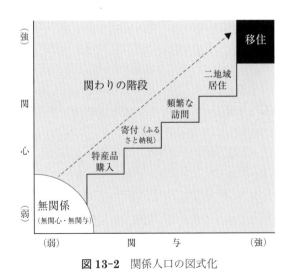

図 13-2　関係人口の図式化

このようにプロセス化してみると，今までの移住論議や政策は，必ずしもこうした過程を意識していないことがわかる．そして，あるべき移住促進政策とは，それぞれの段階からのステップアップを丁寧にサポートすることと理解できよう．

4.　内発的発展の到達点：にぎやかな過疎

近年では，以上で見た「地域づくり」「田園回帰」「関係人口」という状況の延長線上に，「過疎地域にもかかわらず，にぎやかだ」という印象を醸し出す地域が生まれている．データを見る限りは依然として人口動態（用語解説を参照）の減少傾向が続く．しかし，地域内では小さいながら，新たな動きが沢山起こり，なにかガヤガヤしている雰囲気が伝わってくる．いわば「にぎやかな過疎」である．

例えば，京都府北部の山間部に位置する綾部市は，「半農半X」というライフスタイルが提唱された地域でもあり，それに共感した移住者も多く，特徴的な農家民宿経営や通訳案内士，ライター，ウェブデザイナーなど，農業と自身の仕事を両立させるライフスタイルが選ばれている．特に農家民宿経営は活発で，綾部市内の 21 軒のうち 20 軒は移住者（U ターンを含む）によるものである．そこは，移住を考えている人が情報収集を兼ねて訪れる場になっている．地域の住民との交流も活発に行われており，まさに「にぎやか」である．

もちろん，この「にぎやかな過疎」は，移住者や関係人口だけが作りだしたものではない．やはり，中心となるのは，地元住民であり，先に見た，内発的・総合的・革新的な地域づくりの取り

組みがその中心に位置づいている．

　つまり，「にぎやかな過疎」のプレイヤーとしては，①開かれた地域づくりに取り組む地域住民，②地域で自ら「しごと」を作ろうとする移住者，③何か地域に関われないかと動く関係人口，④これらの動きをサポートするNPOや大学，⑤SDGsの動きの中で社会貢献活動を活発化しはじめた企業などが見られる．こうした多彩な主体が交錯するのが「にぎやかな過疎」であり，その結果，人口減少は続くものの，地域にいつも新しい動きがあり，人が人を呼ぶ，しごとがしごとを創るという様相（人口減・人材増）がいくつかの地域で生まれている．

　「にぎやかな過疎」とは，地域内外の多様な主体が人材となり，人口減少下にもかかわらず，内発的な発展を遂げるプロセスと目標を指しているのである．それは農村のみでなく，日本全体の地域が目指すべき姿が示されているように思われる．

5．内発的農村発展の課題

　このように，我が国の農村の一部には「にぎやかな過疎」といえる状況が確かに生まれている．しかし，それはまだまだ少数派ではある．なかにはスタートとなる地域づくりに取り組めず，そのため移住者や関係人口にもアピールすることもできない地域も多い．その結果，最近，生じているのが，同じ農村間での格差である．都市部でも人口減少による停滞傾向が強い地域が生まれていることを勘案すれば，従来の都市と農村間の格差（まち・むら格差）以上に，地方部，特に農村間の格差（むら・むら格差）が，強く生じていると言える．

そのため，近年の「東京一極集中と田園回帰の併存」という現象が生まれている．農村部において移住者を集める地域と，依然として大都市に向けて人口流出が進む地域の両極化があるからであり，社会に大きな変貌を迫った新型コロナウイルス感染症のインパクトによっても，この点には大きな変化はなさそうである．その点で，「にぎやかな過疎」の横展開（好事例を普及させること）は，新たな重要な政策課題のひとつと言える．

また，先発的に「にぎやかさ」を実現した地域では，それを持続化するために，①若者を中心とした「しごと」の安定化，②「ごちゃまぜ」の「場」の整備，③それらを支える地方自治体の十分な財政の確保等の政策課題も明らかとなっている．

そして，これらの政策対応を実現し，さらに持続化するためには，より大きな視点からの農村の国民的位置づけが必要である．ところが，様々な局面で見られる社会の閉塞状況は，ともすれば人々の分断を生みだし，特に地理的な分断，つまり都市と農村の対立となりがちである．そうではなく，「都市なくして農村なし，農村なくして都市なし」という都市農村共生社会の理念の国民的共有化こそが求められる．地域の内発的発展は最終的には，こうした条件により実現するものであろう．

用語解説

国土計画：国土全体に対する，利用，開発，保全などにかかる長期計画．我が国では，5回にわたる全国総合開発計画やその後継計画に当たる国土形成計画（2008年，2015年の2回）が相当する．概ね10年ごとに改訂され，その時々の社会・経済状況を反映すると同時に，その後の国や地方自治体の政策に強い影響を与えた．ただし，近年ではその影響力が弱まっていることが指摘されている．

平成の市町村合併：我が国では，1888 年の市制町村制以来，市町村の合併が進んでいる．特に，国が主導して行われたのは 1953 年から始まる「昭和の大合併」と 1999 年から始まる「平成の大合併」である．後者では，3,232（1999 年 3 月末）以上あった市町村数が，最終的には 1,727（2010 年 3 月末）へと，ほぼ半減した．その背景には，1990 年代から標榜された「地方分権の時代」において市町村の行財政力を高める必要があることや地方財政の悪化のなかで地方行政経費を節減しなければならないという要素もある．しかし，急速に進められた合併により，行政によるきめ細かい住民対応などが阻害されたという批判的な指摘も多い．

人口動態：ある社会集団の一定の期間の人口の変動を指す．その変化の要因には，自然動態と社会動態があり，前者は出生と死亡による増減，後者は転入と転出による増減を表す．日本の過疎農村では，高度成長期以降，若者を中心に社会減少が進み（過疎化），その結果，地域内で子供を産み育てる世代が減少し，地域全体として自然減少状態となっている地域が多い．つまり，仮に社会減少が完全になくなっても，人口規模が縮小する状態となり，「第 2 の過疎」とも呼ばれている．なお，この人口動態を表すために，市町村単位で，その値が把握されており，人口の将来推計等にも利用されている（厚生労働省「人口動態調査」および総務省「住民基本台帳人口移動報告」）．

演習問題

問 1（個別学習用）
1980 年代後半のリゾート開発は，国土に「大きな爪痕を残した」と論じた．具体的にはどのような問題が生じたのか文献や新聞の検索により調べなさい．

問 2（個別学習用）
「田園回帰」「関係人口」は多くの農村自治体で取り組みの焦点となっている．自治体の HP により，移住者や関係人口をめぐり，どの

ような支援策があるのか調べなさい.

問3（グループ学習用）

外来型開発と内発的発展を対比して，それぞれのメリットやデメリットを論じなさい．例えば，農林水産業を主要産業とする，人口1万人程度の町を想定して，具体的に考えてみよう．

問4（グループ学習用）

本章の最後に指摘した「都市なくして農村なし，農村なくして都市なし」を実現する「都市農村共生社会」について，具体的なイメージを議論しよう．

文献案内

宮本憲一（1989）『環境経済学』岩波書店［新版，2007年］

「環境経済学」と題する本書の最終章（第5章）のタイトルが「内発的発展と住民自治」であることに注目して欲しい．「内発的発展論」が，単なる地域振興策にとどまらず，新しい経済・社会のあり方として論じられている．なお，本書には「新版」が2007年に発行されており，地球温暖化問題等の記述が補強された．

小田切徳美編（2022）『新しい地域をつくる－持続的農村発展論』岩波書店

本書の「新しい地域」とは，2010年代以降，農村で始まった地域づくりの新段階を指している．本章で概観した最新の動きの詳細を経済学，行政学，社会学，地理学，土木学等の多分野の研究者が多彩なテーマにより論じ，大学の専門課程の学生向けに体系化を行っている．本章を通じて，地域問題に関心を持った読者は，この本に進んでさらに学んでいただきたい．

索引

執筆者紹介

＊**廣 政 幸 生**（ひろまさ　ゆきお）　**序章**
編著者紹介に記載

＊**藤 栄　　剛**（ふじえ　たけし）　**第1章**
明治大学農学部教授／資源経済論研究室（農業資源・環境問題の経済分析）
主要著作：『農業・農村問題のミクロデータ分析』（編著，農林統計出版），『農業環境政策の経済分析』（共著，日本評論社）

本 所 靖 博（ほんじょ　やすひろ）　**第2章**
明治大学農学部准教授／環境資源会計論研究室（持続可能性の会計学）
主要著作：『スタートアップ会計学（第2版）』（共著，同文舘出版），『簿記のススメ－人生を豊かにする知識－』（共著，創成社）

市 田 知 子（いちだ　ともこ）　**第3章**
明治大学農学部教授／環境社会学研究室（環境・地域資源に関する社会学的研究，EUの農業・農村政策分析）
主要著作：『農業経営多角化を担う女性たち　北ドイツの調査から』（共著，筑波書房），『EU条件不利地域における農政展開－ドイツを中心に－』（農山漁村文化協会）

岡 通 太 郎（おか　みちたろう）　**第4章**
明治大学農学部准教授／共生社会論研究室（社会的ジレンマへの対処策，エシカル消費のための行動経済学）
主要著作：「経済成長下における農村土着制度の残存と変容：インド中西部の59ヵ村計量分析および3ヵ村集約調査から」（『現代インド研究』）

池 上 彰 英（いけがみ　あきひで）　**第5章**
明治大学農学部教授／国際開発論研究室（中国農業論）
主要著作：『中国の食糧流通システム』（御茶の水書房），『WTO体制下の中国農業・農村問題』（共編著，東京大学出版会）

大 江 徹 男（おおえ　てつお）　**第6章**
明治大学農学部教授／フードシステム論研究室（農産物・食品の生産から消費までの総合的分析）
主要著作：『アメリカの食肉産業と新世代農協』（日本経済評論社），『燃料か食料か－バイオエタノールの真実』（編著，日本経済評論社）

*作 山 　巧（さくやま　たくみ）**第7章**

明治大学農学部教授／食料貿易論研究室（農産物貿易政策や国際貿易協定に関する政治経済学的研究）

主要著作：『食と農の貿易ルール入門』（昭和堂），『日本の TPP 交渉参加の真実』（文眞堂）

中 嶋 晋 作（なかじま　しんさく）**第8章**

明治大学農学部准教授／食ビジネス論研究室（食農連携の経済分析，農地取引の社会経済分析）

主要著作：「Hong Kong Consumer Preferences for Japanese Beef: Label Knowledge and Reference Point Effects」（共著，Animal Science Journal），「区画の交換による農地の団地化は可能か？－シミュレーションによるアプローチ－」（共著『農業経済研究』）

暁 　　　　剛（シャオ　ガン／XIAO, Gang）**第9章**

明治大学農学部専任講師／国際農業経済論研究室（内モンゴル農業論）

主要著作：『近現代東部内モンゴルにおける土地利用方式の転換と農法移転』（晃洋書房），「内モンゴルにおける農家の階層分化」（『農業経済研究』）

*橋 口 卓 也（はしぐち　たくや）**第10章**

明治大学農学部教授／農業政策論研究室（戦後日本の農業政策の展開，条件不利地域農業論）

主要著作：『条件不利地域の農業と政策』（農林統計協会），『内発的農村発展論－理論と実践』（共編著，農林統計出版）

竹 本 田 持（たけもと　たもつ）**第11章**

明治大学農学部教授／農業マネジメント論研究室（農業経営の多角化，地域農業の活性化）

主要著作：『非営利・協同システムの展開』（分担執筆，日本経済評論社），『農業経営学の現代的眺望』（分担執筆，日本経済評論社）

古 田 恒 平（ふるた　こうへい）**補章**

明治大学農学部助教（農業政策論）

主要著作：「農外企業と集落営農組織との補完関係に関する分析－水田農業の生産過程に着目した事例研究－」（『農業研究』）

片 野 洋 平（かたの　ようへい）**第12章**

明治大学農学部准教授／食料農業社会学研究室（食・農・環境問題に対する社会学・法社会学的研究）

主要著作：「過疎地域に放置される不在村者の財の所有動向：所有者に対するインターネット調査から」（『環境情報科学』）

*小田切徳美（おだぎり　とくみ）**第13章**

明治大学農学部教授／地域ガバナンス論研究室（農政学・農村政策論，農村再生論）

主要著作：『農山村は消滅しない』（岩波書店），『農村政策の変貌』（農山漁村文化協会）

［編著者紹介］

<ruby>廣<rt>ひろ</rt></ruby> <ruby>政<rt>まさ</rt></ruby> <ruby>幸<rt>ゆき</rt></ruby> <ruby>生<rt>お</rt></ruby>

明治大学農学部教授／環境経済論研究室（農業環境政策論，持続可能フードシステム論）．北海道大学大学院農学研究科博士後期課程修了（農学博士）．主著に『食品流通』（共著，実教出版），『環境資源経済学入門』（共著，泉文堂），『戦略的情報活用による農産物マーケティング』（編著，農林統計協会），『消費者と食料経済』（共著，中央経済社）ほか．

持続可能性と環境・食・農

2022 年 10 月 31 日　第 1 刷発行

定価（本体 2500 円＋税）

編 著 者　廣　　政　　幸　　生

発 行 者　柿　　﨑　　　　　均

発 行 所　株式会社 日本経済評論社

〒101-0062　東京都千代田区神田駿河台 1-7-7
電話 03-5577-7286　FAX 03-5577-2803
E-mail: info8188@nikkeihyo.co.jp
http://www.nikkeihyo.co.jp

装幀・渡辺美知子　　　　　　　　太平印刷社・誠製本

落丁本・乱丁本はお取替えいたします　　Printed in Japan
© Hiromasa Yukio et al. 2022
ISBN 978-4-8188-2621-2　C0061